Selbstmarketing

Mehr Erfolg durch
geschickte Eigen-PR

Dr. Birgit Ebbert

Inhalt

Vorwort

Die Zeiten, in denen jeder schon in der Schule wusste, wo er später einmal leben und arbeiten würde, sind lange vorbei. Wir finden uns heute oft in einem Umfeld wieder, in dem uns nicht jeder kennt und in dem wir unseren Platz erst finden und behaupten müssen. Das gilt für den Job ebenso wie für das Privatleben. Wir sollten uns wie ein Produkt, das neu auf den Markt kommt, vorstellen und uns immer wieder in Erinnerung bringen.

Gelernt haben das die wenigsten von uns. Die meisten haben im Gegenteil verinnerlicht, dass Eigenlob stinkt und sie nicht über ihre Erfolge sprechen sollen, weil sich das nicht gehört. Dabei ist inzwischen bekannt, dass nicht unbedingt derjenige Erfolg hat, der kompetent ist, sondern der, der sich gut vermarkten kann. Höchste Zeit also, bei Unternehmen zu spicken, wie sie es schaffen, ein Produkt neu einzuführen und am Markt zu halten. Marketing lautet die Zauberformel für Unternehmen, Selbstmarketing ist das Pendant für den Einzelnen.

In diesem Buch erfahren Sie, wie Sie mit cleverem Selbstmarketing Kontakte aufbauen, pflegen und dauerhaft in Erinnerung bleiben.

Dr. Birgit Ebbert

Selbstmarketing lohnt sich

Selbstmarketing geht alle an – die Selbstständigen und Freiberufler ebenso wie die Angestellten mit oder ohne Blick auf
die nächste Stufe der Karriereleiter.

In diesem Kapitel erfahren Sie,

- was genau Marketing ist,
- warum Selbstmarketing Ihnen beruflich nützt,
- wo Selbst-PR im Privatleben wirkt.

Marketing nicht nur für Unternehmen

Für Unternehmen ist Marketing ganz selbstverständlich. Meist gibt es eine Marketingabteilung, die die Aktivitäten bündelt. Marketing ist nämlich so vielschichtig, dass fast alle Personen in einem Unternehmen und alle Abteilungen daran irgendwie beteiligt sind. Es ist nicht beschränkt auf Produkte, Dienstleistungen oder andere Angebote. Jeder, der etwas verkaufen möchte, braucht und macht es, auch wenn ihm das oft nicht bewusst ist.

> Der Begriff Marketing im engeren Sinne bezeichnet alles, was dazu dient, ein Produkt oder Angebot zu vermarkten, also auf einem Markt zu platzieren. Früher wurde diese Aufgabe auch Absatzwirtschaft genannt. In vielen Unternehmen ist sie sogar eine Führungsaufgabe, was die Bedeutung unterstreicht.

Sie sind kein Unternehmen, meinen Sie, und können daher auch auf Marketing verzichten? Aber vielleicht möchten Sie

- als Schüler oder Student Ihren Traumjob bekommen?
- als Freiberufler oder Selbstständiger Kundenbeziehungen aufbauen?
- als Angestellter Ihren Job sichern, befördert werden oder den Arbeitgeber wechseln?
- als Privatperson nach einer Veränderung im Leben neue Kontakte knüpfen?

Selbstmarketing ist immer und überall

So wie in einem Unternehmen alles irgendwie Marketing ist, vom Telefonat mit dem Lieferanten bis zum Umgang mit Beschwerden, so ist auch alles, was Sie nach außen hin tun, Selbstmarketing.

Beispiel

 Zum Selbstmarketing gehört die Art, wie Sie sich am Telefon melden, ebenso wie Ihre E-Mail-Signatur. Klingen Sie schon am Telefon schroff, dürfen Sie sich nicht wundern, wenn Sie weder den Auftrag bekommen noch zu einem Vorstellungsgespräch eingeladen werden. Wenn Sie als Arzt unzufrieden, ungepflegt oder unsicher auftreten, und sei es nur beim Neujahrsempfang des Kaninchenzuchtvereins, wird Sie kaum jemand weiterempfehlen.

Da Marketing eng verbunden ist mit Kommunikation, kann man in Anlehnung an das Prinzip „Man kann nicht nicht kommunizieren" durchaus sagen: Man kann nicht nicht Selbstmarketing betreiben. Auch über denjenigen, der nichts Positives oder Gezieltes tut, um sein Produkt „Ich" zu verkaufen, machen sich andere ein Bild. Ob ein Mineralwasser im Regal steht oder ein Dienstleister seine Tätigkeit ausübt, beides entfaltet immer eine Wirkung. Und diese führt dazu, dass sich ein anderer davon ein Bild schafft und abspeichert. Im ersten Moment mag die Vorstellung, dass Selbstmarketing immer und überall stattfindet, erschreckend klingen. Genauer betrachtet bedeutet es aber nichts anderes als zu wissen, was man möchte, und das auch auszustrahlen. Dazu gehört z. B.,

- den persönlichen Auftritt mit den beruflichen Wünschen in Einklang zu bringen.

Beispiel

 Wer Unternehmen beraten möchte, sollte eher seriös wirken. Wer PR für Künstler machen will, darf auch ruhig flippig rüberkommen.

- die richtigen Informationen über sich selbst parat zu haben, die zu einem passen, z.B. als Visitenkarte, Flyer, auf der Internetseite, im Social Media Profil.
- jede Gelegenheit zu nutzen, sich als Experte in seinem Bereich zu präsentieren, so z.B. mit einem Vortrag oder der Vorstellung in einem Netzwerk oder einer Presseinformation.

Wenn man sich selbst treu bleibt, gibt es keinen Grund, bei der Vorstellung, dass alles Selbstmarketing ist, zu erschrecken. Wirklich besorgniserregend ist dieser Gedanke nur für diejenigen, die ständig eine Rolle spielen und nicht sie selbst, also nicht authentisch sind. Selbstmarketing bedeutet schließlich auch, dass die Chance steigt, sein Ziel zu erreichen, ob das nun der Wunschberuf oder ein neuer Partner, die Akquise eines interessanten Auftrags oder die lang ersehnte Beförderung ist. Gehen Sie also ab sofort selbstbewusst und offen durch die Welt. Halten Sie Ausschau nach Gelegenheiten, Ihr Produkt „Ich" nicht nur unbewusst, sondern bewusst zu präsentieren. Sie werden überrascht sein, welche Chancen sich auftun.

Was es mit dem Marketing-Mix auf sich hat

Wenn Sie sich bereits mit dem Thema Marketing beschäftigt haben, ist Ihnen sicher der Begriff „Marketing-Mix" begegnet. Vielleicht haben Sie sich gefragt, was denn da gemixt wird.

Spicken wir bei dem, was Unternehmen tun, um ein Produkt in den Markt zu bringen. Das Unternehmen stellt es nicht einfach ins Regal und wartet ab, was passiert. Die Marketing-Abteilung macht sich Gedanken darüber, welches Produkt zu welchem Preis an welchem Ort zu verkaufen ist und wie es am besten bekannt gemacht werden kann.

Marketing-Mix

Das ist Marketing-Mix, eine Mischung aus

- dem Produkt mit seinen Besonderheiten samt Verpackung und Fähigkeiten,
- dem Preis, der für das Produkt erzielt werden soll,

- dem Platz, an dem das Produkt angeboten wird – das sind die Wege, auf denen ein Produkt zum Käufer gelangt – und

- der Promotion, also der Werbung, die für das Produkt gemacht wird.

Sie kennen diese vier Bereiche möglicherweise als 4P, nach den englischen Begriffen product, price, place und promotion, oder unter den Schlagwörtern Produktpolitik, Preispolitik, Distributions- und Kommunikationspolitik.

Das Produkt als Herzstück des Marketing

Als Produkt wird im Marketing alles bezeichnet, was auf den Markt gebracht werden soll. Das ist nicht nur eine Ware, die angefasst werden kann, sondern auch eine Dienstleistung, wie sie z. B. ein Übersetzer oder ein Schreiner anbietet, oder eine Idee, wie sie Parteien oder gemeinnützige Institutionen unter die Menschen bringen möchten.

Beispiel

 So bestand das Produkt der Aktion Jugendschutz Baden-Württemberg, bei der ich zehn Jahre gearbeitet habe, darin, Erwachsene zu sensibilisieren, Gefährdungen für Kinder und Jugendliche zu erkennen und ihnen entgegenzuwirken.

Ein solches Produkt lässt sich wie Ihr Produkt „Ich" nicht in eine Tube, Tüte oder Schachtel packen und ins Regal stellen. Es muss gedanklich verpackt werden und ist dann oft mit Menschen oder Bildern verbunden.

Wichtig ist zunächst, sich ein Produkt genau anzuschauen, um festzulegen, wie das bestmögliche Marketing dafür aussieht, und unter Umständen bei der Produktentwicklung schon das Marketing dafür im Kopf zu haben. Für Sie heißt das, dass Sie erst einmal für sich selbst definieren, wie das Produkt „Ich" eigentlich aussieht. Welche Leistungen bieten Sie an? Wo sind Ihre Stärken? Was unterscheidet Sie von anderen Ich-Produkten im gleichen Markt?

Beispiel

 Nehmen wir ein Beispiel aus dem Bereich, in dem ich mich besonders gut auskenne, weil ich dort seit Jahren tätig bin: das Texten. Ein Blick in Texterdatenbanken lässt mich jedes Mal erschaudern. Wenn ich sehe, dass alleine im Texttreff, dem Netzwerk für wortstarke Frauen, über 800 Frauen Mitglied sind, wird mir ganz anders. Alle schreiben Texte. Wie soll man sich da abgrenzen? Und dennoch gelingt es. Ein genauerer Blick zeigt: die einen schreiben Texte für Internetseiten, die anderen für Geschäftsberichte, wieder andere texten für Kataloge und selbst Autorinnen, die Geschichten für Kinder schreiben, finden sich dort.

Es ist also möglich, selbst in einem stark besetzten Markt noch etwas zu finden, das einen von anderen unterscheidet. Unternehmen nennen dies USP, Unique Selling Proposition, Alleinstellungsmerkmal. Dieses Alleinstellungsmerkmal sollten Sie für sich und Ihr Ich-Produkt suchen. Haben Sie es gefunden, fällt es Ihnen leichter, einen Preis festzusetzen und die Plätze und Maßnahmen zu finden, die sich eignen, Ihr Verkaufsziel zu erreichen.

Übung: Auf den Spuren Ihres USP

> Legen Sie einen Katalog zu Ihrem Produkt „Ich" an: Notieren
> Sie auf einem Blatt ab jetzt all jene Besonderheiten, die Sie
> und/oder Ihre Tätigkeit ausmachen. Scheuen Sie in der
> Sammelphase nicht vor der kleinsten Banalität zurück. Wer
> weiß, vielleicht entpuppt gerade sie sich als Ihr USP, weil Sie
> z.B. gerne nachts arbeiten und internationale Unternehmen
> aus anderen Zeitzonen dringend Freelancer mit Ihren Qua-
> lifikationen in Deutschland suchen.

Alles hat seinen Preis

Marketing hat nun einmal mit Markt zu tun und dort gibt es
nur in den seltensten Fällen etwas geschenkt. In der Regel
müssen wir einen Preis zahlen, wenn wir auf dem Markt
etwas erstehen möchten. Allerdings ist der Preis eine sensible
Sache. Er kann nämlich nicht beliebig bestimmt werden,
sondern ist von verschiedenen Faktoren abhängig. Es wäre
schön, wenn Sie für die Erstellung einer Website jeden Preis
verlangen könnten. Nach nur einem Auftrag hätten Sie womöglich ausgesorgt fürs Leben. Nur werden Sie kaum einen
Kunden finden, der so viel für eine Website zahlt, weil ihm die
Seite das nicht wert ist und weil er problemlos jemanden
findet, der das gleiche Produkt zu einem günstigeren Preis
anbietet.

Die Preisgestaltung hängt davon ab,

- welcher Aufwand für den Anbieter mit dem Produkt verbunden ist,

- was ein Kunde für das Produkt zahlen würde,

- welche Preise mit vergleichbaren Angeboten erzielt werden,

- wie bekannt das Produkt ist und

- was sich die Kunden davon versprechen.

Beispiel

 Wenn Sie als freiberuflicher Dozent tätig sind, werden Sie sich nicht erst seit der Diskussion über die Vortragshonorare von Politikern über die Ungleichbehandlung ärgern. Die Tätigkeit ist die gleiche: Jemand reist an, um einer Gruppe Menschen etwas vorzutragen. Aber der Auftraggeber ist eben bereit, für den Prominenten mehr zu bezahlen, weil er sich davon einen hohen Imagegewinn oder einen größeren Zulauf verspricht. Und bei dem „Preis" für die Tätigkeit von Angestellten wissen wir nicht erst seit Einführung des Equal Pay Day, dass Frauen und Männer für die gleiche Arbeit unterschiedlich bezahlt werden.

Das heißt, Sie müssen Ihren ganz eigenen Preis für Ihre Leistung ermitteln und dabei die obigen Aspekte berücksichtigen. Mit „Preis" ist nicht nur eine Bezahlung in Euro und Cent gemeint. Für Freiberufler und Selbstständige kann zu ihm auch die Steigerung des Bekanntheitsgrades gehören, für Angestellte eine besondere Position im Unternehmen, auch wenn diese nicht besser bezahlt wird als die alte Stelle. Der Preis ist übrigens keine heilige Kuh, die niemals geschlachtet werden darf. Im Gegenteil. So, wie Unternehmen alle paar Jahre ihre Preise erhöhen, sollten auch Sie Ihre Preise im Blick behalten und anpassen, wenn sich an den Kriterien etwas geändert hat. Als Buchautor können Sie für ein Referat z. B. ein anderes Honorar verlangen, als Sie es ohne Publikation direkt nach dem Studium erzielt haben.

Übung: Was ist Ihr Preis?

Erstellen Sie eine Preisliste für Ihr Produkt „Ich" und Ihre Angebote. Tragen Sie dort keine Fantasiepreise ein, sondern kalkulieren Sie:

1   Ermitteln Sie, welchen Preis Sie erzielen müssen, um Ihre Kosten und Ihren Lebensunterhalt zu decken. Rechnen Sie in die Kosten nicht nur Material, sondern auch Steuern, Versicherungen, Telefonkosten und Zeiten mit ein, in denen Sie nicht an einem Projekt arbeiten können, weil Sie die Buchhaltung erledigen, Neukunden akquirieren, Serviceleistungen übernehmen oder andere Tätigkeiten verrichten, die in einem Unternehmen anfallen.

2   Recherchieren Sie, welches Honorar oder welches Gehalt für Ihre Leistung üblich ist, evt. auch für Teilleistungen.

3   Finden Sie heraus, ob Ihr Kunden diesen Preis zahlen könnten und würden.

4   Entscheiden Sie, welchen Kompromiss Sie eingehen könnten und wo Ihre Grenzen sind.

Der beste Platz für die optimale Wirkung

Was würden Sie davon halten, wenn in einer Jugenddisco Flyer für eine Sterbegeldversicherung auslägen? Sie würden sich wundern und bedauern, dass die schönen Flyer im Papierkorb landen. Ein Produkt kann noch so gut sein. Wenn es nicht an der richtigen Stelle und über den für die Zielgruppe richtigen Kanal angeboten wird, wird es kaum einen Käufer finden.

Auch für Sie bedeutet das, darüber nachzudenken, wo ein Bedarf für Ihr Produkt bestehen könnte. Wo könnten sich Ihre potenziellen Kunden aufhalten? Hier dürfen Sie sogar in Klischees denken, z. B., dass Führungskräfte auf dem Golfplatz oder im teuren In-Restaurant zu finden sind oder Mütter in Familienzentren und Spielwarenläden. Mit solchen Überlegungen kommen Sie der Wahrheit sicher näher, als wenn Sie Mütter in der Lounge eines Autohauses oder Führungskräfte im Schnellimbiss erwarten. Ausnahmen bestätigen immer die Regel, aber wenn Sie irgendwo anfangen, dann doch am besten dort, wo Ihr Produkt „Ich" mit seinen Merkmalen am ehesten gefragt ist.

Übung: Wo erreichen Sie Ihre Zielgruppe?

Sammeln Sie für Ihr Verkaufsziel mögliche Absatzorte, also Plätze, an denen Sie Ihre Zielgruppe vermuten. Dabei ist „Ort" nicht nur räumlich zu verstehen, auch Internet-Communities sind im übertragenen Sinne Orte, an denen sich Ihre Zielgruppe tummeln könnte.

Mit Promotion Interesse wecken

Manche haben Glück: Es gibt Produkte, die verkaufen sich fast von alleine. Die Anbieter haben einen Platz gefunden, an dem sich die Interessenten von selbst einstellen. Der Obstverkäufer auf dem Wochenmarkt ist so jemand. Und dennoch macht auch er Promotion. Er erzeugt eine Außenwirkung, die sich langfristig auf seine Verkäufe auswirken kann, denn Kommunikation ohne zu kommunizieren gibt es nicht. Er wirbt vielleicht nicht direkt für sich, sondern eher durch die geschickte Produktauswahl, z. B. garantiert frisches Obst, oder eine clevere Kundenbindung, indem er die Käufer mit Namen anspricht oder ihnen ein Stück Obst zum Probieren anbietet. Leider stellen sich in den wenigsten Fällen die Kunden von selbst ein. Diejenigen unter Ihnen, die mithilfe von Selbstmarketing Ihre Jobchancen steigern möchten, haben die Kunden bereits im Haus, wenn Sie im eigenen Unternehmen Karriere machen wollen. Aber schon, wenn Sie in ein anderes Unternehmen wechseln möchten, müssen Sie für sich werben und sei es mit einem Bewerbungsschreiben.

Promotion macht den größten Teil des Selbstmarketing aus, weil sie immer wieder aufs Neue erfolgen muss. Ihr Produkt definieren Sie einmal, Ihre Preisvorstellungen legen Sie einmal fest, die Verbreitungskanäle ändern sich nicht wesentlich, wenn Sie sie erst einmal gefunden haben. Aber die Werbung muss ständig neu angestoßen werden, indem Sie Aktionen durchführen, sich auf Stellenanzeigen bewerben oder an Netzwerktreffen teilnehmen.

Übung: Sammeln Sie Marketingideen

Legen Sie eine Mappe an, in der Sie ab sofort alle Werbematerialien sammeln, die Ihnen auffallen. Das sind zum
einen Maßnahmen, die scheinbar wirken, sonst wären sie
Ihnen nicht aufgefallen. Vielleicht passen die Materialien
auch zu Ihrem Produkt „Ich" und Sie können sich davon
inspirieren lassen. Das gilt auch für Angestellte. Halten Sie
die Augen auf für Dinge, die ein Vorgesetzter besonders
herausstellt oder die Ihnen an erfolgreichen Kollegen auffallen.

Am Anfang steht ein Ziel

Es mag seltsam klingen, dass ein Ziel am Anfang stehen soll,
wo es doch meist den Abschluss eines Prozesses bildet. Das
bleibt auch so. Allerdings muss man wissen, wo das Ziel ist,
um es zu erreichen. Das gilt für das Selbstmarketing ebenso
wie für ein Querfeldein-Rennen. Wüssten die Teilnehmer des
Rennens nicht, wo die Zielflagge wartet, könnten sie das Ziel
nicht erreichen. Auch Ihnen nützen Produkt, Preis, Platz und
Promotion wenig, wenn Sie nicht wissen, was Sie erreichen
möchten und wofür Sie Ihre Marketing-Aktivitäten einsetzen.
Natürlich könnten Sie sich vom Leben treiben lassen. Gelegentlich geht das sogar eine Weile gut, aber irgendwann
kommen die meisten an den Punkt, an dem sie sich fragen,
wozu das alles gut sein soll. Womöglich erinnern sie sich dann
an alte Ziele und ärgern sich, dass sie weit davon entfernt
sind.

Wie das Ziel für Sie aussieht, hängt von Ihnen und Ihren Lebensvorstellungen, Ihrer Lebenssituation und Ihren Werten ab. Freiberufler haben schon per se das Ziel, Kunden und Aufträge zu gewinnen, um ihren Lebensunterhalt zu sichern. Angestellte und Berufseinsteiger sehnen sich nach einem Job, der Erfüllung und ein gutes Einkommen verspricht. Privat träumen Sie vielleicht vom Traumpartner oder Menschen in der neuen Umgebung, die Ihre Wellenlänge haben.

Auch wenn uns das oft nicht bewusst ist, lassen wir uns von Zielen beeinflussen und treiben. Selbstmarketing hilft Ihnen, auf diese Ziele hinzuarbeiten.

Ein Ziel ist individuell. Jeder muss es für sich festlegen. Je nachdem, wie das Ziel aussieht, sind an der Realisierung allerdings auch andere Menschen beteiligt. Da diese jedoch erst einmal ihre eigenen Ziele haben, müssen sie gewonnen werden, um Ihr Ziel zu unterstützen. Diese Menschen sind die Zielgruppe Ihres Marketing. Wer Ihre Zielgruppe sein könnte, hängt von Ihrem Ziel ab: Personalentscheider, potenzielle Kunden, Sponsoren etc.

Es ist wichtig, sich über die eigene Zielgruppe rechtzeitig Gedanken zu machen, um die richtigen Wege zu finden, mit ihnen Kontakt aufzunehmen. Den Personalleiter Ihres Unternehmens werden Sie allenfalls zufällig in einem Kurs zur Wassergymnastik finden. Bieten Sie jedoch ein Wellness-Programm an, könnten Sie vielleicht dort fündig werden.

> Behalten Sie bei allen Aktivitäten immer Ihre Zielgruppe im Blick und überprüfen Sie, ob Sie sie überhaupt an den Orten und mit den Mitteln erreichen, die Sie nutzen, um sich bekannt zu machen.

Das A und O für Freiberufler

Ein Selbstständiger oder Freiberufler leitet ein kleines Unternehmen. Er verantwortet dort Produktion, Vertrieb, Buchhaltung, Marketing und PR gleichzeitig. Wenn er keine Angestellten hat, ist er Führungskraft und Mitarbeiter in einem. Das hat Vorteile, weil es keine Abstimmungswege gibt, aber auch Nachteile, weil man sich immer wieder selbst einen Schubs geben und an alles denken muss.

Während Produktion, Vertrieb und Buchhaltung ganz selbstverständlich sind, weil der Anstoß von außen kommt, bleiben Marketing und PR oft auf der Strecke. Dabei sind sie unter Umständen überlebenswichtig. Wie sollen neue Kunden kommen, wenn sie nichts von Ihnen wissen? Sie haben genügend Empfehlungen, dass Sie sich nicht um neue Kunden kümmern müssen? Das ist wunderbar, aber was ist, wenn Ihre Empfehler plötzlich unzufrieden sind? So rasch, wie sie positiv über Sie sprechen, so schnell oder noch schneller kommunizieren sie ihre negativen Erfahrungen.

> Vergessen Sie nicht: Schlechte Nachrichten verbreiten sich um ein Vielfaches rascher als gute Nachrichten. Das gilt auch für Empfehlungen. Wer alles auf eine Empfehlungs-Karte setzt, geht das Risiko ein, dass sich das Blatt gegen ihn wendet.

Gründen Sie Ihre eigene Marketing-Abteilung

Selbstverständlich verhindert auch ein cleveres Marketing nicht, dass unzufriedene Kunden schlecht über Ihr Produkt

„Ich" sprechen. Aber durch Ihre Marketingaktivitäten schaffen Sie die Grundlage dafür, dass andere sich selbst ein Bild machen können, indem sie z. B.

- Ihre Internetseite besuchen und sich informieren
- sich an Ihr Engagement für ein Wohltätigkeitsprojekt erinnern
- Ihren Flyer hervorkramen, den sie beim Arztbesuch mitgenommen haben
- auf Internetplattformen nachschauen, was andere über Sie sagen
- Ihren Tag der offenen Tür besuchen
- den Artikel über Sie in der Zeitung lesen
- Ihre Kolumne im Wochenblatt verfolgen
- jemanden aus Ihrem Netzwerk kennen und sich nach Ihnen erkundigen

Erwecken Sie Ihre eigene Marketing-Abteilung zum Leben und berücksichtigen Sie bei Ihrer Planung regelmäßige Zeitfenster dafür. Maßnahmen wie Erinnerungs-E-Mails, Postings in sozialen Netzwerken, Anrufe oder das Auslegen von Flyern lassen sich sogar fast nebenbei auf dem Weg zur Arbeit oder in Wartezeiten erledigen.

Beispiel

 Ich habe mich lange Zeit gewundert, wieso die Autoren in meinen Netzwerken so viel bei Facebook posten können. Bis ich selbst vier Wochen am Stück nur an einem Manuskript gesessen habe. Da stellte ich fest, dass ich einfach nicht acht oder zehn Stunden am Tag schreiben konnte. Ich brauchte immer kleine

Manuskriptpausen zwischendurch. Wie habe ich die genutzt? Ich habe in Foren und sozialen Netzwerken gepostet. Seither stelle ich solche Zeiten gezielt meiner inneren Marketing-Abteilung zur Verfügung und stelle fest, dass das auch noch Spaß macht.

Planen Sie Ihr Selbstmarketing

Für Selbstständige und Freiberufler ist Selbstmarketing ein Muss und überlebensnotwendig. Ich habe auf ausführliche theoretische Ausführungen verzichtet, um den Spaß am Selbstmarketing zu wecken und Ihre Kreativität anzukurbeln. Als Autorin und selbstständige Inhaberin eines kleinen Unternehmens weiß ich, wovon ich spreche. Auch, dass man sich die Bedeutung des Selbstmarketing immer wieder bewusst machen muss, weil man in den seltensten Fällen sofort Ergebnisse sieht. Gerade weil Sie wenig Zeit haben, ist es wichtig, Ihre Aktivitäten zu planen, sich Ziele, Zielgruppen und Möglichkeiten anzusehen und die in jeder Hinsicht optimalen Wege zu nutzen.

Geben Sie Ihrer Marketing-Abteilung eine Chance. Notieren Sie schon beim Lesen dieses Buches Ihre Ideen, was Sie alles machen könnten. Im letzten Kapitel erfahren Sie, wie Sie für sich einen Marketingplan erstellen können; Ihre Ideen sind die Grundlage dafür.

Mit Eigen-PR in Unternehmen Karriere machen

Selbstmarketing ist nicht nur für jene relevant, die Kunden gewinnen müssen, um ihren Lebensunterhalt zu finanzieren. Auch für Angestellte in Unternehmen ist es wichtig, im Blick zu behalten, was andere über einen denken und diesen Eindruck in die richtige Richtung zu lenken. Selbst dann sogar, wenn Sie gar nicht von einer anderen Stelle träumen, sondern Ihren Wunschplatz gefunden haben. Leben bedeutet Veränderung. Es kann schon morgen sein, dass Ihr Unternehmen verkauft wird, dass es Einsparungen vornehmen muss oder dass sich bei Ihnen eine neue Lebenssituation ergibt. Vielleicht lernen Sie Ihren Traumpartner in einer anderen Stadt kennen und würden Ihren Traumjob am liebsten dorthin verlegen. Viele Unternehmen verfügen über Filialen oder Standorte in verschiedenen Städten. Dank cleverer Selbst-PR gelingt es Ihnen womöglich, Ihren Wunschjob in die Nähe der oder des Liebsten zu verlegen.

Mit Selbstmarketing den Arbeitsplatz sichern

Kurzum: Selbstmarketing ist für Sie auch ein Thema, wenn Sie sich in einem sicheren Job wähnen. Erst recht natürlich, wenn Sie auf die nächste Stufe der Karriereleiter schielen. Da unterscheiden Sie sich nicht wesentlich von den Freiberuflern. Ihre Ziele sind eben anders, aber auch Sie müssen sich

Gedanken über Ihr Produkt, Ihren Preis, den Platz, an dem Sie sich präsentieren, und die Promotion für sich selbst machen.

Beispiel

 Sie haben eine schöne Aufgabe als Produktmanager in einem international tätigen Unternehmen. Ihr Traum ist es, einmal im Tochterunternehmen in Singapur zu arbeiten. Wenn Sie in Gesprächen mit Kollegen und Vorgesetzten allerdings bei jeder Gelegenheit nur die Vorzüge Ihrer Heimatstadt preisen, wird kaum jemand an Sie denken, wenn eine Stelle in Singapur zu besetzen ist. Schwärmen Sie dagegen von Ihren Auslandsreisen und erzählen Sie Anekdoten, wie Sie mit Ihren Sprachkenntnissen geglänzt haben, wird man sich an Sie erinnern, wenn es um eine Abordnung geht.

Sie sehen wieder, Selbstmarketing ist eng verknüpft mit den Zielen, die Sie sich für Ihr Leben stecken.

PR für Angestellte hat viele Gesichter

Selbstmarketing für Angestellte in einem Unternehmen ist vielfältig. Die Grundlagen dafür bilden Ihr Engagement und Ihre Beziehungen zu den anderen Menschen in der Firma.

- Machen Sie sich einen Namen, indem Sie den Kongress Ihres Arbeitgebers organisieren.

- Posten Sie in sozialen Netzwerken interessante Aktionen Ihres Arbeitgebers.

- Gestalten Sie Ihre Arbeitsunterlagen mit einer persönlichen Note.

- Sorgen Sie dafür, dass Ihr Unternehmen sich an einer Spendenaktion beteiligt und sein Name genannt wird.

- Beteiligen Sie sich bei Firmen-Events an Aktionen oder stellen Sie eigene Beiträge ins Intranet.

Mit solchen Aktivitäten machen Sie sich im Unternehmen bekannt und bauen ein positives Image auf, sodass Ihre Vorgesetzten bis in die obere Führungsriege Sie wahrnehmen und abspeichern. Sollten Sie dann einmal ein Anliegen haben, ob das eine Gehaltserhöhung, eine Teilzeitaufstockung oder der neu ausgeschriebene Job ist, finden Sie leichter Gehör, weil man Sie bereits kennt oder von Ihnen gehört hat.

> Man kann nicht nicht wirken! Daran sollten Sie bei all Ihren Aktivitäten im Unternehmen denken und Ihre Ziele im Blick haben. Sie haben bereits vom ersten Tag an dort ein Image, das Sie bestätigen oder widerlegen können. Jeder hat es in der Hand, ob er als fauler Schlamper oder als engagierter und strukturierter Mitarbeiter gilt.

Zum Traumjob mit Selbstmarketing

Traumjobs liegen nicht auf der Straße. Um sie zu bekommen, muss man schon etwas tun und natürlich die richtigen Voraussetzungen mitbringen. Das gilt nicht erst, wenn Sie bereits eine Stelle haben und wechseln möchten, sondern auch, wenn Sie noch in der Ausbildung sind oder gerade das Studium beenden. Eine Bewerbung ist nichts anderes als der Versuch, einen Kunden zu gewinnen. Der Kunde ist Ihr neuer Arbeitgeber. Das heißt, je genauer Sie wissen, was er erwartet, und je besser Sie Ihr Produkt auf seinen Bedarf abstellen, umso größer ist Ihre Chance, den Traumjob zu bekommen.

Sogar für Berufseinsteiger gelten die oben beschriebenen vier P:

- Das Produkt sind Sie selbst mit Ihren Qualifikationen und Fähigkeiten.

- Der Preis ist Ihre Gehaltsvorstellung.

- Der Platz, an dem Sie sich präsentieren, hängt von Ihrem Berufswunsch ab; in der IT-Branche werden Sie sicher eher online einen Job finden als im Friseurhandwerk.

- Die Promotion sind Ihre Bewerbungsmappe, das Vorstellungsgespräch, eine Probearbeit oder Präsentation.

Die 4 P für Angestellte

Alle vier P sollten Sie auf Ihr Ziel ausrichten. Wenn Ihr Ziel ein krisensicherer Job ist, empfiehlt es sich, schon bei der Bewerbung eher nach einem großen DAX-Unternehmen zu schauen als in einem kleinen Startup-Unternehmen, das noch dazu ein konjunkturanfälliges Produkt vertreibt.

Definieren Sie Ihr Produkt „Ich"

Berufseinsteiger gehen häufig davon aus, dass sie nur ihren Ausbildungsberuf oder ihren Studienabschluss angeben müssen und schon ist jedem klar, welche Fähigkeiten sie besitzen. Natürlich existiert für viele Berufe eine Ausbildungsordnung, die festlegt, was ein Azubi am Ende kann. Aber Sie wissen selbst, dass Papier geduldig ist und es auch in der Ausbildung einen großen Unterschied zwischen Soll und Ist gibt. Noch komplizierter ist es, einzuschätzen, welche Fähigkeiten ein Bewerber mit einem Studienabschluss hat. Welcher Arbeitgeber kennt schon die verschiedenen Studienordnungen der Hochschulen und macht sich die Mühe, sie miteinander zu vergleichen?

Das bedeutet für Sie, dass Sie sich als Produkt definieren müssen und für sich selbst und den angehenden Arbeitgeber festhalten sollten, wo Ihre besonderen Fähigkeiten liegen.

Übung: Beschreiben Sie Ihr Ich-Produkt

Legen Sie eine Liste all jener Fähigkeiten und Qualifikationen an, die Sie in der Ausbildung, im Studium, in Fortbildungen und in Ihren bisherigen Tätigkeiten erworben haben. Berücksichtigen Sie auch das, was Sie in Ihrer Freizeit machen. Als Leiter einer Jugendgruppe haben Sie bereits unabhängig von Universität und Ausbildung Erfahrungen mit Teamarbeit gesammelt, die womöglich für Ihren angehenden Arbeitgeber wichtig sind.

Entwickeln Sie Ihr Produkt weiter

Sie haben eine bestimmte Vorstellung von Ihrer zukünftigen Stelle oder sogar einen Wunscharbeitgeber? Dann ist es legitim, wenn Sie Ihr Produkt entsprechend entwickeln. Das tun selbst große Unternehmen. Sie schauen, was der Markt möchte und verändern ihr Produkt, damit es passt. Das heißt nun nicht, dass Sie sich Fähigkeiten oder Kenntnisse andichten, die Sie nicht besitzen. Prüfen Sie vielmehr, ob Sie mehr können und kennen, als Sie im ersten Moment denken und eignen Sie sich ansonsten die geforderten Voraussetzungen an. Hier sehen Sie schon, dass es sinnvoll ist, bereits lange vor der Abschlussprüfung über Ihren Wunschjob nachzudenken. Dann bleibt noch Zeit, Ihr Produkt „Ich" zu entwickeln, indem Sie Fortbildungen besuchen oder Praxiserfahrungen sammeln.

Beispiel

 Als ich studierte, hieß es schon an der Uni, dass wir ohnehin keine Stelle bekämen. Nicht sehr ermutigend. Ich habe deswegen damit begonnen, Stellenanzeigen zu lesen, um herauszufinden, welche Stelle ich gerne hätte und welche Voraussetzungen dort verlangt wurden. Entsprechend habe ich Praktika gemacht, das Jugendamt meiner Heimatstadt überredet, mich einen Flyer schreiben zu lassen, und die Volkshochschule davon überzeugt, mich für einen Vortrag zu engagieren. Als ich dann zu dem Vorstellungsgespräch meiner Traumstelle fuhr, konnte ich auf diese Erfahrungen verweisen – und bekam die Stelle.

Promoten Sie sich selbst

Arbeitgeber verlassen sich heute nicht mehr nur auf Bewerbungsunterlagen, wenn sie Mitarbeiter einstellen. Sie nutzen vor allem das Internet, um über potenzielle Arbeitnehmer zu recherchieren. Das ist inzwischen kein Geheimnis mehr. Dennoch wird das leicht vergessen. Daher hier als kleine Erinnerung: Alle Ihre öffentlich wahrnehmbaren Aktivitäten beeinflussen das Bild, das jemand sich von Ihnen macht. Dies kann Gefahren, aber auch Chancen bergen. Gerade, wenn Sie Ihre ersten Bewerbungen schreiben.

Achten Sie darauf, was in sozialen Netzwerken von Ihnen zu lesen ist. Schalten Sie die Funktion, dass andere an Ihre Pinnwand posten können, aus. So haben Sie in der Hand, was dort steht. Und posten Sie statt der sonst üblichen Insider-Scherze einen Link zu einem interessanten Artikel, der mit dem Aufgabengebiet, das Sie anstreben, zu tun hat.

Sie träumen von einer Stelle in einer ganz bestimmten Firma? Sicher gibt es irgendwo im Internet eine Information darüber, wen dieses Unternehmen berät. Posten Sie den Link mit einer persönlichen Bemerkung.

Beispiel

 Nehmen wir an, Ihr Wunscharbeitgeber ist McKinsey und Sie wohnen in Bonn. Dann könnte ein Posting lauten: „Super, mein Bonn ist unter den Vorreitern im E-Government. Steht in einer Studie von McKinsey." Damit zeigen Sie, dass Sie sich intensiver mit Ihrem Wunscharbeitgeber beschäftigen. Die Unternehmen, bei denen Sie sich darüber hinaus bewerben, sehen, dass Sie sich informieren und für Trend-Themen interessieren.

Selbstmarketing bei der Stellensuche ist eben mehr als die Bewerbungsmappe. Allerdings gibt es auch hier kein einheitliches Rezept, das für alle Branchen und Berufswünsche passend ist.

> Halten Sie die Augen auf und denken Sie schon lange vor Ihrer Abschlussprüfung daran, wo und wie Sie sich selbst präsentieren möchten, um schnell den Job zu finden, der zu Ihnen passt.

Auch privat die Nase vorn durch Selbstmarketing

Mit Selbstmarketing verbinden die meisten berufliche Wünsche und Ansprüche. Aber mal ganz ehrlich, täte uns im Privatleben ein wenig Selbstmarketing nicht auch manchmal gut? Gerade, wenn sich in unserem Leben etwas verändert hat und wir uns neu orientieren möchten oder müssen? Ist es nicht leichter, den Freundeskreis zu erweitern, wenn man schon über ein Netzwerk verfügt? Wer schon immer davon geträumt hat, Volleyball zu spielen oder in einem Chor zu singen, findet leichter einen guten Start, wenn er jemanden kennt, der dort bereits aktiv ist. Hier können soziale Netzwerke übrigens eine wertvolle Hilfe sein. Natürlich sind soziale Netzwerke nicht die alleinige Lösung, um für sich selbst PR zu machen. Wichtig ist, Gelegenheiten zu nutzen, die sich Ihnen bieten oder Gelegenheiten zu schaffen, um sich selbst in Szene zu setzen. Denken Sie an die vier P, die auch im Privatleben gelten.

Marketing-Mix im Privatleben

- Das Produkt „Ich" sind Sie mit Ihren Interessen und Wünschen.

- Der Preis ist nicht Geld, sondern Zuwendung, Achtung oder Anerkennung.

- Halten Sie sich dort auf, wo Sie Gleichgesinnte vermuten; die Frage ist hier, an welchem Platz Sie sich wohlfühlen. Eher in der Disco oder eher im Museum?

- Promotion für sich machen Sie immer, ob Sie nun gerade der Nachbarin von Ihrem neuen Fernseher erzählen oder im Küchen-Forum ein Rezept einstellen.

Sie sind erstaunt darüber, was alles Selbstmarketing sein kann? Dann erinnern Sie sich daran, dass Sie immer auf andere wirken, selbst, wenn Sie nichts tun oder sagen. Sie können beeinflussen, was die anderen von Ihnen hören, sehen und über Sie denken. Viele Menschen sagen: Es ist mir egal, was die anderen von mir halten. Grundsätzlich ist eine innere Unabhängigkeit wichtig, das ist keine Frage. Aber wenn jemand ein bestimmtes Ziel verfolgt oder einen Wunsch hat, kann es eben doch entscheidend sein, was die anderen von einem halten. Wer Menschen immer vor den Kopf stößt, darf sich nicht wundern, wenn im Notfall niemand da ist, der ihm hilft. So wie diejenigen, die sich immer interessiert und hilfsbereit zeigen, zu Recht auf Unterstützung hoffen dürfen. Natürlich müssen Sie nun nicht Ihr ganzes Leben umkrempeln und darauf ausrichten, sich bekannt zu machen und mit einem bestimmten Image zu versehen. Wichtig ist, dass Sie authentisch bleiben. Wenn Sie im Privatleben ein Ziel verfolgen, wie den Aufbau eines neuen Freundeskreises nach einem Umzug, hilft es jedoch, das Ziel mit den Methoden des Selbstmarketing zu betrachten und entsprechende Maßnahmen einzusetzen.

Auf einen Blick: Selbstmarkting lohnt sich

- Die Zeiten, in denen galt „Eigenlob stinkt", sind vorbei. Wer erfolgreich sein möchte, muss dafür sorgen, dass er wahrgenommen wird und seine Erfolge bekannt werden.

- Selbstmarketing umfasst alle Dinge, mit denen man auf sich aufmerksam machen kann.

- Jeder muss auch im Selbstmarketing seinen Weg finden. Er muss wissen, was er möchte (das Ziel), wen er erreichen will und wer ihn bei der Realisierung unterstützen kann (die Zielgruppe), wer er ist und was er kann (das Produkt „Ich"), welchen Wert er sich selbst zumisst (der Preis), wo er leben bzw. wirken möchte (der Platz), wie er andere Menschen erreichen und für sich gewinnen kann (die Promotion).

- Gönnen Sie sich Zeit, um sich über diese Punkte klar zu werden. Das hilft Ihnen, Ihr Lebensziel zu erreichen, stärkt Ihre Zufriedenheit und lässt Sie mit mehr Wohlwollen auf sich selbst und andere Menschen schauen.

Die Entdeckung des Produkts „Ich"

Im Mittelpunkt des Selbstmarketing steht das Produkt „Ich". Damit Sie es geschickt vermarkten können, sollten Sie es ganz genau kennen und anderen so transparent wie möglich machen.

In diesem Kapitel lesen Sie,

- was ein Produkt ausmacht,
- wie Sie Ihre Produktmerkmale herausfinden,
- warum Sie Ihre Schwerpunkte definieren sollten,
- was Sie besser macht als Ihre Wettbewerber,
- wie Sie zu einer Produktbeschreibung kommen.

Was gehört zu einem Produkt?

Was fällt Ihnen als erstes ein, wenn Sie den Begriff „Produkt" hören? Eine Pralinenschachtel? Ein Buch? Ein Auto? Wir verbinden damit meist nur etwas Gegenständliches. Das ist nicht verwunderlich, hängt der Begriff doch ganz eng mit dem Wort „Produktion" zusammen. In der Tat fand Marketing früher vor allem für produzierte Waren statt und wurde erst in den letzten Jahrzehnten auf Dienstleistungen und Ideen ausgeweitet. Aus Marketingsicht ist ein Produkt heute alles, was im weitesten Sinne an den Mann bzw. an die Frau gebracht werden soll. Das heißt, ein Produkt ist unter diesem Blickwinkel auch eine Dienstleistung wie die Finanzbuchhaltung, eine Idee wie die Suchtprävention, eine Institution wie eine Partei oder eine Person wie ein Autor oder bildender Künstler.

Die Elemente eines Produkts

Bei einem gefertigten Produkt ist jedem sofort klar, worum es sich handelt. Ganz gleich, von welcher Marke ein Auto ist, es handelt sich um einen PKW, der da verkauft werden soll.

Bei Dienstleistungen lässt sich der Inhalt des Produkts auf den ersten Blick oft auch klar bestimmen; ein Büro für Finanzbuchhaltung bietet eben alles an, was mit Finanzbuchhaltung zu tun hat. Aber wenn man Genaueres wissen will, kann es bei solchen Dienstleistungen bereits knifflig werden. Es gibt Büros für Finanzbuchhaltung, die auch Gehaltsabrechnung anbieten, andere machen das nicht. Selbst unter den Anbietern der Lohn- und Gehaltsbuchhaltung finden sich wieder einige, die mit unterschiedlichen Systemen arbeiten.

Richtig schwierig ist die Definition eines Produktes, wenn es eine Institution oder eine Person beschreibt. Da gilt es genau hinzuschauen: Wofür steht sie, wie präsentiert sie sich im direkten Kontakt und über die verschiedenen Medien? Je stimmiger das Erscheinungsbild ist, umso leichter fällt es, das Produkt zu benennen. Und das genau ist die Aufgabe von Marketing: den Kern eines Produktes herauszufinden und so nach außen zu vermitteln, dass ihn jeder erkennt.

> Ein Produkt wird bestimmt von seinem Inhalt, der Präsentation der Inhalte und der Übereinstimmung zwischen Präsentation und Inhalt.

Die Definition eines Produkts

Am Anfang jeder Marketingüberlegung steht eine möglichst genaue Definition des Produktes. Das ist nötig, um später die passenden Marketingmaßnahmen zu entwickeln.

Beispiel

Ein Dozent in der Erwachsenenbildung wird sein Produkt nicht nur als „Kurse für Erwachsene" bezeichnen, sondern konkret benennen, welche Inhalte und welchen zeitlichen Umfang die Kurse haben, welchen Lerneffekt die Teilnehmer erwarten dürfen. So bietet Martina Rüter, E-Trainerin und Dozentin, nicht einfach nur Training in Webdesign an, sondern konkret Webdesign mit HTML und CSS, oder nicht allgemein ein Training zur Homepageerstellung, sondern konkret zur Homepageerstellung mit Joomla.

Zur Definition des Produktes gehört alles, was das Produkt ausmacht, und das ist abhängig vom Produkt.

Beispiel

 Für einen Autor ist es unerheblich, mit welchen Programmen er seine Texte schreibt. Es ist aber wichtig, ob er für Kinder oder Erwachsene, ob er Fantasy oder Liebesromane schreibt. Für einen Webprogrammierer dagegen können die Programme, mit denen er arbeitet, wichtig sein.

Die Definition des Produktes ist noch nicht die Produktbeschreibung, die später in einem Flyer oder auf der Internetseite nach außen gegeben wird. Sie ist erst einmal ein Leitfaden für die innere Marketingabteilung, um von dort aus weitere Schritte zu konzipieren und anzustoßen.

Aspekte einer Produktdefinition als Grundlage der Marketingstrategie sind

- der **Inhalt**, also die ganz konkrete Tätigkeit (Buchhaltung, Schreiben, Garten umgraben ...) mit all ihren Bestandteilen
- die **Ausstattung** bzw. Technik (Garten umgraben mit eigenem Werkzeug, Buchhaltung in eigenen Räumen oder im Betrieb)
- **Eigenschaften**, die ein Produkt auszeichnen (Zuverlässigkeit, Schnelligkeit) und die wichtig für Ihr Produkt sind (für Krisen-PR ist Schnelligkeit wichtig, für Veranstaltungs-PR eher Kontinuität über einen längeren Zeitraum)
- **Merkmale**, die ein Produkt von anderen unterscheidet (Lektorat in verschiedenen Sprachen, Textkorrektur über Nacht)

- die **Verpackung** bzw. das Aussehen, so sie sich aus dem Produkt ergeben oder bereits feststehen

Die Entwicklung einer passenden Verpackung oder eines richtigen Auftretens ist dagegen bereits Teil der Marketingstrategie. Für bestimmte Produkte gibt es hier Faktoren, an der jedoch auch die beste Strategie nichts ändern kann. So lassen sich z.B. bei einem Fotomodell allenfalls Gewicht, Haarlänge oder Haarfarbe ändern, während die Körpergröße die Körpergröße und die Hautfarbe die Hautfarbe bleibt.

Die Produktdefinition ist nicht für immer gültig, sondern unterliegt einem Wandel. Viele Merkmale eines Produktes tauchen erst bei der Entwicklung der Marketingstrategie auf. Dennoch ist es wichtig, ganz am Anfang alles festzuhalten, was das Produkt ausmacht, und diese Definition im Laufe des Prozesses zu ergänzen. Je besser die Anfangsdefinition ist, umso leichter fällt es, eine Marketingstrategie zu entwickeln. Das gilt für Waren ebenso wie für das Produkt „Ich".

Übung: Definieren Sie Ihr Idealprodukt

Beschreiben Sie anhand der oben genannten Merkmale das Ideal Ihres Produktes, völlig unabhängig davon, ob Sie das bereits leisten oder überhaupt realisieren können. Halten Sie schriftlich fest, welche Merkmale aus Ihrer Sicht Ihr Ich-Produkt aufweisen sollte. Lassen Sie sich dabei auch von Büchern, Gesprächen und Internetseiten inspirieren.

Die eigenen Grundlagen klären

Im Mittelpunkt des Selbstmarketing steht kein gefertigtes Produkt, sondern Sie. Sie sind mit all dem, was Sie ausmacht, ein „Ich-Produkt". Wie zu einem Auto die Ausstattung und die Extras gehören, gehören Ihre Fähigkeiten und Arbeitsergebnisse zu Ihrem Produkt. Ehe Sie also mit dem Selbstmarketing beginnen, müssen Sie klären, was Sie eigentlich vermarkten möchten. Je genauer Sie das wissen, umso besser können Sie sich mit Flyern, im Internet oder bei einer Netzwerkveranstaltung vorstellen. Schauen wir also noch einmal ganz genau, was eine Person ausmacht, damit Sie sich klar werden, wie Ihr Ich-Produkt aussieht.

Legen Sie ein Heft oder eine Datei im Computer an, in die Sie Ihre Analyse-Ergebnisse eintragen. So können Sie immer wieder darauf zurückgreifen und die Beschreibung des Ich-Produkts ergänzen und überarbeiten.

Ihre Vision

Auch wenn Ihnen das nicht immer klar sein sollte: Sie haben in Ihrem Hinterkopf und in Ihrem Herzen ein Bild davon, wie Ihr Leben ablaufen soll und wie Sie Ihren Tag am liebsten verbringen möchten. Wenn Sie nun also ohnehin über sich selbst und Ihr Angebot an Kunden oder Arbeitgeber nachdenken, sollten Sie sich an diese Vision erinnern. Vielleicht stellen Sie bei der Analyse Ihrer „Ausstattung" fest, dass Sie Dinge tun, die Ihnen nicht gefallen und die Sie eigentlich gar nicht können. Womöglich haben Sie sich bisher immer so durchgewurschtelt und jeden Abend erleichtert aufgeatmet, weil niemand bemerkt hat, dass Sie an der falschen Stelle sitzen. Das gibt es sowohl in Angestelltenjobs als auch bei Selbstständigen. Die Gefahr ist bei Selbstständigen besonders hoch, weil sie oft jeden Auftrag annehmen, nur damit wieder für ein paar Wochen der Lebensunterhalt gesichert ist. Dadurch geraten sie in einen Kreislauf, der sie in die falsche Richtung führt.

Auch Unternehmen haben häufig eine solche Vision, von der sich ihr ganzes Handeln ableitet – von der Produktentwicklung bis zur Mitarbeiterführung und Kommunikation nach außen. Sie haben also große Vorbilder, wenn Sie sich Ihre Vision bewusst machen.

Beispiel

 Das Unternehmen Ford gründete auf der Vision Henry Fords, ein Auto zu produzieren, das sich alle Menschen leisten können.

Haben Sie eine Vision für sich parat? Wissen Sie, was Sie erreichen oder bewegen möchten? Für sich? Für die Welt? Für andere? Dann schreiben Sie Ihre Vision ganz oben in Ihr Analyse-Heft.

Wenn Ihnen noch eine Idee fehlt, versuchen Sie Ihre Vision mit den Antworten auf folgende Fragen zu entdecken. Sie werden irgendwann merken, dass sich dabei Themen und Aufgaben wiederholen. Horchen Sie in sich hinein, ob das die Dinge sind, denen Sie Ihre Arbeits- und Lebenszeit schenken möchten.

Übung: Entdecken Sie Ihre Vision

Nehmen Sie sich 15 bis 30 Minuten Zeit, um die folgenden Fragen zu beantworten.

- Was ist Ihnen wichtig im Leben? (Menschen, Natur, Einsamkeit, Fortschritt, Kommunikation ...)

- Was war ausschlaggebend für Ihre bisherigen Entscheidungen? (Wahl des Arbeitgebers, Wahl des Wohn- oder Studienortes, Eintritt in einen Verein oder eine Partei, Hobbys ...)

- Wo und womit haben Sie als Kind am liebsten gespielt? (draußen oder in der Wohnung, in Ihrem Zimmer oder im Wohnzimmer bei der Familie, alleine oder mit anderen, Rollenspiele oder Brettspiele, Papier-Stift-Spiele oder Kletterspiele, Kaufladen oder Puppenklinik ...)

- Welche Berufswünsche haben Sie als Kind oder Jugendlicher geäußert? (unbedingt auch die ausgefallenen aufschreiben und möglichst gleich das, was Sie an dem Beruf fasziniert hat)

Beispiel

 Der Modedesiger Michael Michalsky hat schon als Kind davon geträumt, Menschen zu einem guten Look zu verhelfen. Als er die Arbeit Karl Lagerfelds sah, war ihm klar, dass das als Fashion-Designer möglich sein würde. Diese Vision bewegt ihn noch heute. Das, was er tut, passt hundertprozentig zu seiner Vision.

- Welche Aufgaben haben Sie in Praktika, Jobs, Freizeit oder Ehrenamt kennengelernt, die Ihnen besonders viel Spaß und Erfüllung gebracht haben? (Büttenreden halten, den Pfarrbrief gestalten, einen Slogan entwickeln, eine Wohnung umräumen ...)

Zeichnet sich bereits eine Vision ab? Dann schreiben Sie sie auf. Wenn nicht, sehen Sie Ihre Notizen noch einmal durch und lassen Sie alles sacken. Beschäftigen Sie sich mit dem nächsten Schritt Ihrer Analyse (siehe dazu den nächsten Abschnitt). Je mehr Sie über sich zusammentragen, umso klarer wird Ihr Bild werden.

> Eine Vision ist ein oberstes Leitziel, eine Art Leitstern, der Unternehmen und Menschen hilft, Entscheidungen zu treffen.

Ihre Fähigkeiten

Ehe Sie sich daran machen, ein Marketing-Konzept für Ihr Ich-Produkt zu entwickeln, sollten Sie festlegen, was Sie eigentlich genau tun oder tun können. Im optimalen Fall passt das, was Sie tun, schon zu Ihrer Vision.

Machen Sie sich also auf die Suche nach Ihren Fähigkeiten, die hoffentlich genau dem entsprechen, was Sie arbeiten oder arbeiten möchten. Selbstverständlich ist das nicht. Denken Sie nur an manche Casting-Show, in der Menschen auftreten, die nicht singen können, die sich nicht zur Musik bewegen können und null Komma null Ausstrahlung haben und dennoch voller Hoffnung sind, in die nächste Runde zu kommen. Solche oder vergleichbare Enttäuschungen können Sie sich in Ihrem Job ersparen, wenn Sie Ihre Fähigkeiten kritisch analysieren, sich dabei von manchen Visionen verabschieden oder nach Wegen suchen, mit Ihren Fähigkeiten auf die Vision hinzuarbeiten.

Übung: Analysieren Sie Ihre Fähigkeiten

> Sammeln Sie Fähigkeiten, die Sie gut beherrschen, und
> schreiben Sie sie in Ihr Analyse-Heft oder in Ihre Analyse-
> Datei. Scheuen Sie sich nicht, jene Fähigkeiten, auf die Sie
> immer wieder gerne zugreifen, mit einem Stern zu versehen.

Jeder Mensch hat viele Fähigkeiten. Meist wird davon aus-
gegangen, dass jemand das, was er gut kann, auch gerne
macht. Dieser Rückschluss ist ebenso falsch wie die Schluss-
folgerung, dass man alles gut kann, was man gerne macht.

Folgende Aspekte helfen Ihnen dabei, ein möglichst breites
Spektrum Ihrer Fähigkeiten zu finden und über Ihr aktuelles
Aufgabengebiet hinauszudenken. Je genauer Sie Ihr Können
aufschlüsseln, umso mehr erfahren Sie über Ihr Ich-Produkt.

Welche Fähigkeiten ...	Beispiele
setzen Sie bei Ihrer aktuellen beruflichen Aufgabe ein?	Computer bedienen, telefo-nieren, organisieren, planen, Entscheidungen treffen, Dachstühle konstruieren, Unternehmen analysieren
setzen Sie in Ihrer Freizeit ein?	Kochen, Sportart ausüben, Handwerken, Handarbeiten, Menschen helfen, eine Ju-gendgruppe leiten, einen Verein managen

Welche Fähigkeiten ...	Beispiele
haben Sie in einem speziellen Kurs erworben?	Beraten, schreiben, schneidern, Auto fahren, Snowboarden, Internetseiten programmieren, Fotos bearbeiten
tauchen in Ihren Arbeitszeugnissen auf?	Umgang mit anderen Menschen, Computerkenntnisse, Beratung, Blick für Proportionen, gutes Augenmaß ...)
bewundern andere Menschen an Ihnen?	Erinnern Sie sich, wofür Sie besonders gelobt wurden, mit welchen Attributen Sie jemand einem anderen vorstellt ...

Die letzte Frage wundert Sie? Durch Bemerkungen, die Freunde, Verwandte oder Bekannte einwerfen, können Sie viel über sich lernen. Meist macht sich derjenige nicht viel Gedanken, sondern sagt spontan das, was ihm einfällt. Das ist seine Wahrnehmung Ihres „Ich-Produkts".

Beispiel

„Das ist Ina Wohlgemuth; sie kann unglaublich gut singen und gibt ganz tolle Konzerte." So würde ich eine meiner Netzwerk-Kolleginnen vorstellen, obwohl ich genau weiß, dass sie außerdem Menschen coacht und vermutlich noch viel mehr macht. Schließlich ist sie Wirtschaftspsychologin. Aber ich habe sie bei ihrem wunderbaren Management-Musical „Frau W und die Direktoren" erlebt, und das ist das erste, was mir zu ihr einfällt.

Bewahren Sie die Liste Ihrer Fähigkeiten gut auf. Sie werden sie noch benötigen, wenn es darum geht, dass Sie Ihren Arbeitsschwerpunkt definieren und Ihr Produkt beschreiben.

Das Äußere

Sind denn nicht die Fähigkeiten wichtiger als das Aussehen, höre ich schon Ihren Aufschrei. Natürlich sollte bei der Entscheidung in einem Bewerbungsverfahren das Aussehen keine Rolle spielen. Aber für manche Ich-Produkte ist es wichtig, daran lässt sich nicht rütteln. Wichtig ist, dass Sie sich auch hier über Ihre „Ausstattung" im Klaren sind und sie mit Ihrem Ich-Produkt in Einklang bringen.

Beispiel

Nehmen wir eine junge Frau, die sich als Schreinerin selbstständig machen möchte. Sie ist klein und zierlich, und niemand würde ihr auf den ersten Blick zutrauen, dass sie einen Schrank verrücken, geschweige denn Holzplatten bearbeiten kann. Mit einem Slogan wie „Klein, aber oho" wäre jedem klar, dass sie sich dieser Wirkung bewusst ist. Potenzielle Kunden schauen dann ein zweites Mal hin und prüfen, über welche Referenzen sie verfügt und welche Projekte sie bereits realisiert hat.

Seien Sie bei der Analyse Ihrer Ausstattung ehrlich mit sich selbst. Es spricht nichts dagegen, an manchen Stellen zu vermerken, wo Optimierungsbedarf ist. Zunächst einmal gilt es aber, den Ist-Stand festzuhalten. Dieses ist eine Bestandsaufnahme, die Sie für sich selbst machen, die niemanden interessiert und interessieren sollte!

Übung: Analysieren Sie Ihre körperliche Konstitution

Reflektieren Sie Ihre körperlichen Eigenschaften und halten Sie das Ergebnis schriftlich fest. Fragen, die helfen, das zu analysieren, sind z.B.:

- Wie groß sind Sie?

- Wie viel wiegen Sie? Sind Sie eher unter- oder übergewichtig?

- Welche körperlichen Beeinträchtigungen haben Sie? (Kurz- oder Weitsichtigkeit, eine Konzentrationsschwäche, ein fehlendes Fingerglied, Bandscheibenprobleme, Allergien ...)

- Welche auffälligen Merkmale haben Sie? (Muttermal, ebenmäßige oder vorstehende Zähne, sichtbare Narben)

- Welche körperlichen Eigenschaften haben Sie? (stark, schwach, schnell, langsam, beweglich, unbeweglich, träge)

Ihre Persönlichkeitsmerkmale

So wie sich die körperlichen Voraussetzungen zum Teil nicht ändern lassen, so gibt es auch Eigenschaften, Vorlieben und Abneigungen, die wir uns nur unter größten Mühen abtrainieren können. Das ist auch gar nicht das Ziel einer Analyse; viel wichtiger ist es dabei, sich selbst zu kennen. Wer weiß, dass er eine Kodderschnauze hat, der sollte zu Treffen mit potenziellen, als schwierig bekannten Kunden jemanden mitnehmen, der den allzu saloppen Eindruck etwas zurechtrückt.

Es ist alles eine Frage des Bewusstseins und des Umgangs mit sich selbst.

Das Spektrum der Dinge, die unser Handeln beeinflussen, ist vielfältig. Manches ist uns in die Wiege gelegt, anderes haben wir uns im Laufe des Lebens angeeignet. Eine große Rolle spielen die Erfahrungen, die wir mit uns und anderen Menschen gemacht haben, auch wenn uns manches gar nicht bewusst ist. Das gilt vor allem für Vorlieben und Abneigungen, die nicht vom Himmel gefallen, sondern Rückstände von guten oder schlechten Erlebnissen sind.

- Welche Eigenschaften würden Sie sich selbst zuschreiben? (Zuverlässigkeit, Spontanität, Sorgfalt, Offenheit, Detailverliebtheit, Kreativität, Humor ...)

- Mit welchen Attributen haben andere Sie schon bezeichnet? (hilfsbereit, spitzfindig, arrogant ... – denken Sie auch an das, was diejenigen sagen, die Sie nicht mögen, und prüfen Sie, ob ein wahrer Kern in dem Gesagten steckt)

- Wo sind Ihre Vorlieben und Abneigungen? (Arbeiten mit Kopf oder Hand, Sport, Faulenzen, Team- oder Einzelarbeit, Kontaktfreude, Kommunikationsfähigkeit, Offenheit oder Misstrauen...)

Übung: Finden Sie Ihre Persönlichkeitsmerkmale

Erstellen Sie im ersten Schritt eine Mindmap zu Ihren Persönlichkeitsmerkmalen: Nehmen Sie ein weißes Blatt, schreiben Sie in die Mitte „Persönlichkeitsmerkmale" und kreisen Sie den Begriff ein. Sammeln Sie nun ungefiltert alle Eigenschaften, die Ihnen einfallen. Stellen Sie sich Menschen aus Ihrer Umgebung vor und notieren Sie auf das Blatt, welche Eigenschaften Sie an ihnen bewundern oder ablehnen. Oft fallen uns an Anderen Verhaltensweisen auf, die wir ebenso besitzen. Markieren Sie im nächsten Schritt all jene Merkmale, die Sie besitzen. Schon haben Sie eine Liste der Merkmale, die Sie beim Marketing für Ihr Ich-Produkt beachten und einsetzen können.

Ihre Schwachstellen

Natürlich sollten Sie nur Ihre Fähigkeiten und Stärken kommunizieren, aber Sie müssen wissen, wo Ihre Schwachpunkte liegen. So können Sie bei der Job- und Auftragsauswahl bereits auf mögliche Hindernisse auf dem Weg zum Erfolg achten.

Dinge, die man nicht gut kann

Sicher gibt es Schwachpunkte, an denen Sie arbeiten können, indem Sie eine Fortbildung besuchen oder sich schlechte Angewohnheiten abgewöhnen. Jeder hat aber auch Schwächen, die nicht veränderbar sind und zu denen er stehen muss. Das heißt weder, dass man sie in einem Vorstellungsgespräch als erstes herausposaunen sollte, noch, dass sie in einem

Kundenflyer auftauchen müssen. Es ist gut, sie zu kennen und sich für jene Schwachstellen, die wichtig oder hinderlich sein könnten, Lösungen zu überlegen.

Beispiel

 Eine Verwaltungsmitarbeiterin beherrscht heute nur noch selten Stenografie, eine Kurzschrift, die früher vor allem beim Diktieren von Briefen eingesetzt wurde. Diese Fähigkeit wird in der Ausbildung auch gar nicht mehr unbedingt vermittelt. Dennoch kann es im Vorstellungsgespräch zu der Frage kommen: „Können Sie Steno?" Hier wird womöglich eine Schwachstelle deutlich. Ist die Bewerberin sich vorher dessen bewusst, kann sie sich eine Antwort zurechtlegen und muss nicht „Nein!" antworten, sondern kann sagen: „Ich tippe so schnell, dass ich das gar nicht brauche. Aber wenn Sie es unbedingt möchten, schaue ich mir meine Unterlagen noch einmal an." Sie hat gezeigt, dass sie die Frage als Frage nach dem Tempo verstanden hat, vermittelt, dass sie bereit ist, dem Wunsch des Fragenden nachzukommen, und sie hat offen gelassen, ob sie Steno kann oder nicht.

Aufgaben, die man nicht gerne mag

Schwachstellen sind nicht nur fehlende Fähigkeiten, sondern ebenso innere Abneigungen. Auch diese sind kein Grund, an sich zu zweifeln oder gar zu verzweifeln. Es gibt nur ganz wenige Menschen, die sich alles zutrauen, alles schön finden und begeistert jede Aufgabe in Angriff nehmen. Entscheidend ist, dass Sie Ihre Abneigungen kennen. Aufgaben, bei denen ein innerer Widerstand überwunden werden muss, kosten doppelte Energie und gehen schwerer von der Hand. Die Gefahr, einen Fehler zu machen, steigt, weil man unsicher ist und ständig damit beschäftigt, sich selbst künstlich zu motivieren, um die Aufgabe zu bewältigen.

> Gestehen Sie sich Ihre Abneigungen zu und achten Sie bei der Auswahl Ihrer Aufgaben darauf, dass Sie solche Aufträge möglichst ablehnen oder delegieren. Zumindest sollten Sie sich um jene Aufgaben nicht offensiv bewerben.

Dinge, die schief gelaufen sind

Und dann gibt es da noch die Schwachstellen im Lebenslauf, so z. B.

- Jobs, die mit einer Kündigung vom Arbeitgeber endeten,
- kurzzeitige Arbeitsverträge ohne Verlängerung,
- fehlende oder schlechte Zeugnisse,
- Zeiten ohne Beschäftigung.

Sie können für Jobsuchende echte Stolperfallen werden, wenn sie sich nicht darauf vorbereiten. Hier ist es besonders wichtig, sich diese Schwachpunkte vor Augen zu führen und Erklärungen bereit zu halten. Je näher diese Erklärungen an der Wahrheit sind, umso größer sind die Chancen, dass das Gegenüber sie akzeptiert.

Für Angestellte, die sich innerhalb ihres Unternehmens oder ihrer Behörde entwickeln möchten und auf eine Beförderung hoffen, gibt es noch zusätzliche solcher heiklen Aspekte:

- Kollegen, die sich für die gleiche Position interessieren
- negative Bewertungen oder Abmahnungen in der Personalakte
- persönliche Hindernisse wie Krankheiten, familiäre Schwierigkeiten, Beziehungsprobleme, die im Unternehmen bekannt sind

Vor allem für Angestellte sind diese Punkte wichtig, aber auch Selbstständige sollten sich Gedanken darüber machen, wer sich für den gleichen Kunden interessiert und ob in der Branche oder im Einzugsbereich Informationen über Pannen, missglückte Aufträge oder gar Gerüchte kursieren. Je genauer Sie darüber Bescheid wissen, ob und wo es negative Aussagen über Sie gibt, umso besser können Sie mit Ihren Selbstmarketing-Aktivitäten gegensteuern.

Übung: Finden Sie Ihre Schwachpunkte

Notieren Sie im ersten Schritt all das, was Sie nicht gerne machen und wo Ihnen immer wieder Fehler unterlaufen, obwohl Sie besonders sorgfältig arbeiten. Markieren Sie im zweiten Schritt jene Dinge, die Sie verändern können und wollen.

Die folgenden Fragen helfen Ihnen, Ihre Schwachstellen zu entdecken.

- Welche Tätigkeiten, die Sie ungerne erledigen, fallen Ihnen sofort ein?
- In welchen Situationen fühlen Sie sich unwohl?
- Welche Lücken haben Sie in Ihrem Lebenslauf?
- Welche unklaren oder sogar negativen Bemerkungen finden sich in Ihren Arbeitszeugnissen?
- Bei welchen Tätigkeiten werden Sie nervös, wenn Sie nur an sie denken?
- Wann sagen Ihre Kollegen und Vorgesetzten: „Lassen Sie mal, ich mach das schon?"

- Welche Problempunkte werden beim Mitarbeitergespräch immer wieder genannt?

- Welche Gerüchte oder negativen Einschätzungen über Sie sind Ihnen zu Ohren gekommen bzw. sind im Internet über Sie im Umlauf?

- Wovor drücken Sie sich schon seit Ihrer Kindheit?

Einige der Schwachstellen lassen sich bestimmt beheben, hier sollten Sie prüfen, ob und wenn ja, wie Sie daran arbeiten können. Die Antwort auf die Frage, wo Veränderungen nötig sind, hängt eng mit Ihrer Vision und Ihrem Arbeitsschwerpunkt zusammen.

Beispiel

 Wer Angst vor Spinnen hat und einen Beruf am Schreibtisch ausübt, kann davon ausgehen, dass ihm dort höchstens kleine Spinnen an Wänden begegnen. Ist seine Vision jedoch, als Entwicklungshelfer in Afrika zu arbeiten, sollte er darüber nachdenken, wie er diese Angst besiegen kann.

Die Rahmenbedingungen

Wer kennt das nicht: Man hat so viele Ideen und Wünsche und dann fehlen Zeit, Geld, Raum oder Partner, um die Projekte umzusetzen.

Zur Klärung Ihrer Voraussetzungen gehört auch eine Bestandsaufnahme Ihrer Rahmenbedingungen – von den persönlichen Möglichkeiten bis zur technischen Ausstattung.

So wie ein Unternehmen, das Produkte verkauft, Personal und Fertigungsstraßen benötigt, so wird auch Ihr Produkt von

Rahmenbedingungen bestimmt. Wenn Sie Teilzeit arbeiten möchten, weil Sie sich mit Ihrem Partner oder Ihrer Partnerin die Kinderbetreuung teilen, dann steht eben nur die halbe Zeit für Ihre Arbeit zur Verfügung. Sind Sie aus irgendwelchen Gründen an Ihren Wohnort gebunden, wird es schwer, einen Job oder einen Auftrag anzunehmen, der weiter entfernt liegt.

Übung: Check der Rahmenbedingungen

Notieren Sie, wann Sie wie viel Zeit für Ihre Arbeit aufbringen können und möchten und halten Sie fest, welche Rahmenbedingungen Ihre Arbeit und die Wahl einer neuen Stelle beeinflussen. Denken Sie bei Ihrem Check auch an folgende Punkte:

- Welche Wochentage und täglichen Zeiträume stehen Ihnen für die Arbeit zur Verfügung?
- Wo können und/oder müssen Sie Ihre Arbeit verrichten? (zu Hause oder beim Kunden, an dem jetzigen Wohnort oder an jedem beliebigen Ort)
- Wie sind Sie an Ihren jetzigen Wohn- und /oder Arbeitsort gebunden? Können Sie ihn wechseln oder nicht?
- Welche Infrastruktur haben Sie in Ihrem derzeitigen Umfeld? (Bahn, Bus, PKW, Flugzeug)
- Über welche Kommunikationsmedien verfügen Sie?
- Welche speziellen Maschinen und technische Ausrüstung sind für Ihre Arbeit nötig? (PC, Scanner, Stanzmaschine, Hochleistungsdrucker, Trockenhauben, Schubkarre ...)

Klären Sie für sich, ob Sie auf Ihrem bisherigen Pfad bleiben wollen oder ob Sie sich im Zuge Ihrer Selbstmarketing-Strategie neu ausrichten müssen. Das kann ein länger andauernder Prozess sein. Wenn Sie sich aber für eine Veränderung entscheiden und Ihr Ziel klar sehen, können Sie durch eine gezielte Eigendarstellung den Boden für den Erfolg bereiten.

Schwerpunkte der Arbeit definieren

Bei der Analyse Ihrer Voraussetzungen haben Sie bereits festgestellt, dass Sie wesentlich mehr können, als Sie in Ihre berufliche Tätigkeit einbringen. Es wäre seltsam, wenn das anders wäre, denn nur in wenigen Stellenbeschreibungen stehen Dinge wie Origami falten oder Fußball spielen.

Jetzt geht es darum, die Schwerpunkte der Arbeit zu definieren. Für die Jobsuchenden bedeutet dies festzuhalten, welche Fähigkeiten sie für ihren Traumjob oder die nächste Karrierestufe mitbringen, und für die Selbstständigen, sich zu überlegen, mit welcher Produktpalette sie nach außen gehen und für welche Angebote sie Kunden suchen.

Seine eigenen Arbeitsschwerpunkte zu kennen, ist die Grundlage, um sich als Ich-Produkt gut zu verkaufen und um gezielt an der richtigen Stelle nach neuen Jobs und neuen Kunden zu suchen. Gerade Berufseinsteiger bewerben sich häufig aufs Geratewohl um einen Job, um überhaupt einen zu bekommen. Sie landen dann nicht selten in Branchen und bekommen Aufgaben, die ihnen nicht behagen. Das wäre nicht weiter schlimm, wäre es ohne weiteres möglich, die Branche zu wechseln. Das ist aber leider nicht immer und überall so einfach.

Beispiel

 Ein Biologe hat nach dem Abschluss seines Studiums eine Stelle als Pharmareferent angenommen. Er fühlt sich dort unwohl, ist aber froh, überhaupt eine Stelle zu haben und nimmt sich vor, parallel nach einem anderen Job zu suchen. Bald schon merkt er, dass sich diese Taktik als schwierig herausstellt, weil viele potenzielle Arbeitgeber aus dem Non-Profit-Bereich, die seine Wunsch-Stelle ausgeschrieben haben, die Stelle in der Pharmaindustrie im Lebenslauf stört.

Aber auch Existenzgründer tappen aus Sorge, nicht genug zu verdienen, oft in die Falle, dass sie Aufgaben annehmen, die nicht zu ihrem Leistungsspektrum passen. Die Folge kann sein, dass der Auftrag nicht zur Zufriedenheit des Kunden erledigt wird und statt einer positiven Referenz eine negative Mundpropaganda zur Folge hat. Und da sich meist schlechte Nachrichten schneller verbreiten als gute Botschaften, tauchen so womöglich bald schon die ersten Probleme bei der Kundensuche auf.

Besser ist es also, wenn Sie für sich selbst zunächst eine Liste all der Dinge aufstellen, die Sie einem Arbeitgeber oder Kunden anbieten möchten und von denen Sie sicher sind, dass Sie sie gut umsetzen können.

Am Anfang jedes Marketingkonzepts steht die Definition der Leistungen. Das gilt für Einzelpersonen, die ihr Ich-Produkt vermarkten möchten genauso wie für kleine und große Unternehmen, unabhängig vom Produkt, von der Dienstleistung und der Angebotsbreite.

Leistungen eines Selbstständigen

Selbstständige und Freiberufler leben davon, was sie mit ihren Händen und ihrem Kopf produzieren. Welche Produkte dabei entstehen, hängt von der Ausbildung, den Fähigkeiten und den Erfahrungen ab. Jeder muss für sein Arbeitsgebiet die Leistungen finden und festhalten, die er anbieten kann und will. Zu jedem Beruf gehören natürlich andere Leistungen:

- ein Schlosser bietet Bauschlosserei, Treppen- und Geländerbau, Metallgestaltung und Schmiedearbeiten, Türe und Tore,
- eine Puppenspielerin bietet eine Vorführung mit Handpuppen für Kindergeburtstage oder Familienfeste,
- eine Diplom-Ingenieurin mit Schwerpunkt Natur steht als Autorin, Dozentin, Beraterin, Organisatorin von Naturführungen zur Verfügung.

Die Einsteiger

Gerade zu Beginn einer Selbstständigkeit ist es wichtig, die Leistungen, die erbracht werden sollen und können, festzuhalten. Das ist bereits deswegen wichtig, um die neue Internetseite, den Flyer, die Präsentation mit aussagefähigen Inhalten bestücken zu können und nicht nur Worthülsen und austauschbare Versatzstücke zu verwenden.

Ein (Neu-)Start bietet viele Möglichkeiten. Noch haben Sie es in der Hand, die Richtung der Aufträge, die Sie übernehmen, zu steuern. Ihr Leistungsspektrum richtet sich nach Ihren Fähigkeiten und den Aufgaben, die zu Ihrer Vision passen. Sie müssen keine Rücksicht auf Bestandskunden oder laufende Projekte nehmen und können ganz nach Ihren Wünschen handeln.

Das hat natürlich auch den Nachteil, dass Ihre Situation unsicher ist und Sie immer abwägen müssen, welche Aufträge und Aufgaben Sie übernehmen und welche nicht. Gerade dabei hilft Ihnen ein persönlicher Leistungskatalog, in dem Sie durchaus auch Aufgaben auflisten können, die Ihren Fähigkeiten entsprechen, aber nicht direkt zur Vision passen. Das Kunststück ist, jene Kunden und Aufträge zu bedienen, die Ihrer Vision am nächsten kommen. Auch hier gilt: Je besser Sie sich selbst und neuen Auftraggebern erklären können, warum Sie Aufträge übernommen haben, umso größer ist Ihre Chance, jenen Kunden zu gewinnen.

Übung: Erstellen Sie Ihren Leistungskatalog

Schauen Sie sich Ihre Fähigkeiten und Vorlieben an und entwickeln Sie daraus konkrete Angebote für Kunden. Analysieren Sie Internetseiten und Flyer von Personen, die in Ihrem Wunschbereich tätig sind. Schreiben Sie die Leistungen heraus, die Sie anbieten können und möchten.

Die Erfahrenen

Wenn Sie bereits längere Zeit selbstständig sind und genau wissen, dass Sie Ihre Wunschaufgaben gefunden haben, haben Sie es leicht, Ihre Leistungen zu bestimmen. Sie müssen nur Ihre Aufträge aus den letzten zwei bis drei Jahren Revue passieren lassen und sammeln, was Sie dort getan haben.

Nutzen Sie die Entwicklung Ihrer Selbstmarketingstrategie zu einer Bestandsaufnahme. Gleichen Sie Ihre Leistungen mit Ihrer Vision, Ihren Fähigkeiten und Vorlieben ab. Leben bedeutet ständige Veränderung. Wer weiß, ob Ihnen morgen der größte Bestandskunde wegbricht und Sie sich neu orientieren müssen, ob Ihnen die Liebe Ihres Lebens begegnet und Sie umziehen, um ihr nahe zu sein. Prüfen Sie, wo ungenutztes Potenzial ist und sei es nur, um sich selbst zu vergewissern, dass Sie im Notfall auf weitere Ressourcen zurückgreifen können.

Übung: Analyse der bisherigen Aufträge

Gehen Sie Ihre Auftragsordner und/oder die Dateien in Ihrem Computer der letzten zwei Jahre durch und listen Sie alle Aufträge – nicht die Kunden, sondern die konkreten Aufgaben – auf. Markieren Sie, was zu Ihrer Vision passt. Ergänzen Sie die Liste um jene Fähigkeiten und Vorlieben, die sich noch nicht in Aufträgen spiegeln.

Die Unzufriedenen

Sich mit Selbstmarketing zu beschäftigen, ist auch für jene, die mit ihrer aktuellen Situation unzufrieden sind, eine gute Startbasis für Veränderungen. Wer unzufrieden ist, kann sich selbst ebenso wenig verkaufen wie ein Verkäufer ein Produkt, von dem er nichts hält.

Unzufriedenheit entsteht häufig dann, wenn der Alltag weit entfernt ist von der Vision, die jemand für sein Leben hat. Das gilt nicht nur für den Beruf, sondern für das Leben an sich.

Wer von einer glücklichen Beziehung träumt und den Partner fürs Leben nicht findet, ist häufig ebenso unzufrieden wie derjenige, der sich selbst als Moderator großer Galas sieht und nicht einmal die Preisverleihung des örtlichen Kaninchenzuchtvereins moderieren darf.

Wenn Sie also unzufrieden mit Ihren Tätigkeiten als Selbstständiger sind, gleichen Sie Ihre täglichen Aufgaben mit Ihrer Vision ab.

Übung: Analysieren Sie Ihre Aufträge mit Blick auf Ihre Vision

Suchen Sie die Aufträge und beruflichen Aufgaben heraus, mit denen Sie sich in den letzten 12 Monaten beschäftigt haben. Mögliche Infoquellen sind hier die Auftragsordner, E-Mails und sonstiger Schriftverkehr.

Schreiben Sie Ihre berufliche Vision auf ein Blatt Papier oder in ein Dokument, damit Sie sie immer vor Augen haben. Fügen Sie darunter eine Tabelle ein. Tragen Sie links die Aufträge mit Bezug zur Vision ein und rechts jene, die mit Ihrer Vision auch bei längerem Nachdenken nichts zu tun haben.

Meine Vision:

Aufträge, die meiner Vision Rechnung tragen	Aufträge, die mit meiner Vision nichts zu tun haben

Achten Sie bei der Erstellung oder Überarbeitung Ihres Leistungskatalogs darauf, dass vor allem die Leistungen, die Ihrer Vision entsprechen, kommuniziert werden. Möglicherweise rührt Ihre Unzufriedenheit daher, dass Sie bisher in Ihrem Portfolio Leistungen angeboten haben, die weit von Ihrer Vision wegführten.

Inhalte eines Traumjobs

Einen großen Teil unserer Lebenszeit verbringen wir in unserem beruflichen Umfeld und mit beruflichen Aufgaben. Umso wichtiger ist, dass sie zu den eigenen Wünschen, Vorlieben und Fähigkeiten passen.

Wer Tag für Tag etwas tun muss, das ihm nicht behagt, benötigt viel Kraft und ein hohes Maß an Selbstmotivation. Diese Energie können Sie besser nutzen, wenn Sie eine berufliche Aufgabe suchen, die zu den Voraussetzungen passt, die Sie oben herausgearbeitet haben. Ein Schritt in diese Richtung ist ein Selbstmarketing, das die Leistungen, die Sie erbringen möchten, in den Vordergrund rückt.

Beispiel

Eine PR-Assistentin möchte gerne Konzepte entwickeln und Pressetexte schreiben anstatt Unterlagen für Veranstaltungen zusammenzustellen. Wenn sie ihr Aufgabenfeld bei jeder Gelegenheit, beim Netzwerktreffen ebenso wie beim Bewerbungsgespräch, nach außen so definiert: „Ich organisiere Veranstaltungen.", bleibt bei dem Gegenüber genau das hängen. Sagt sie hingegen: „Ich arbeite in der PR-Abteilung.", prägt sich der Zuhörer die PR-Abteilung ein. Sollte sie dann einen Job suchen, wird sie auch als PR-Frau erinnert und nicht als Assistentin, die die Mappen füllt.

Erstellen Sie ein Portfolio der Tätigkeiten, die Sie in Ihrem beruflichen Alltag gerne ausführen möchten.

> Auch für Jobsuchende ist ein Katalog der Leistungen, die sie einem Arbeitgeber anbieten können, wichtig und die Grundlage für alle Selbstmarketing-Aktivitäten.

Die erste Stelle

Wer sich auf die Suche nach der ersten Arbeitsstelle macht, befindet sich in einer Zwickmühle. Einerseits sehnt er sich danach, schnell einen guten Job zu finden und Geld zu verdienen. Andererseits ist die erste Stelle häufig eine Weiche für die gesamte Berufslaufbahn, die sorgfältig ausgesucht werden sollte.

Es lohnt sich daher, schon vor der Jobsuche die eigenen Fähigkeiten und Wünsche zu durchforsten, um eine möglichst passende Stelle zu finden. Ein Gutes hat eine solche persönliche Leistungsbeschreibung: Man tut sich bei der Durchsicht der Stellenanzeigen wesentlich leichter. Häufig enthalten sie sowohl die Kompetenzen, die erwartet werden, als auch die Aufgaben, die angeboten werden. Ein Abgleich zwischen dem eigenen Profil und den Erwartungen des potenziellen Arbeitgebers zeigt schnell, ob es sinnvoll ist, sich auf die Stelle zu bewerben.

Wer sich nur auf die wenigen Stellen bewirbt, die ihn wirklich interessieren, dafür aber richtig, spart nicht nur Zeit und Geld, sondern erspart sich auch Misserfolge. Jede Absage trübt das Selbstbewusstsein. Wer sich für Stellen anbietet, die nicht zu seinen Fähigkeiten passen, muss mit Absagen rechnen. Verzichten Sie lieber gleich auf solche Bewerbungen und konzentrieren Sie sich auf die Anschreiben zu den wirklich interessanten Inseraten.

Doch noch sind Sie nicht soweit. Noch steht Ihr Leistungskatalog nicht. Sie wissen zwar, was Sie gut können und wo Ihre Vorlieben sind, ein Leistungsprofil ist das aber noch nicht. Dazu sollten Sie auch wissen, welche Aufgaben der Job, der Ihnen vorschwebt, mit sich bringt.

Übung: Beschreiben Sie Ihre Traumstelle

In Unternehmen gibt es üblicherweise eine Stellenbeschreibung, in der genau erklärt wird, welche Aufgaben mit einer Position verbunden sind, z. B., dass ein Mitarbeiter in der IT-Abteilung für die Pflege des Netzwerks, die Einbindung neuer Mitarbeiter etc. zuständig ist.

Erstellen Sie eine solche Beschreibung für Ihren Traumjob. Sammeln Sie Informationen aus dem Internet, aus Stellenanzeigen und Gesprächen mit Menschen, die in dem Bereich arbeiten, den Sie anstreben.

Nun ist die Beschreibung einer Traumstelle noch kein Leistungskatalog. Sie zeigt erst einmal, welche Anforderungen auf den Inhaber eines solchen Jobs zukommen. Wichtig ist, die eigenen Fähigkeiten in Beziehung zu den Aufgaben zu setzen. Dabei spielen sowohl die Kenntnisse, die in einer Ausbildung oder einem Studium erworben wurden, eine Rolle, aber ebenso die Erfahrungen außerhalb beruflicher Zusammenhänge. Deshalb sind Praktika auf dem Weg zur ersten Stelle so wichtig. Damit dokumentiert ein Bewerber, dass er sich nicht nur theoretisch, sondern auch praktisch mit der Materie auskennt. Viele Fähigkeiten lassen sich durch Aktivitäten belegen:

- Wer über Jahre eine Jugendgruppe geleitet hat, hat Führungsqualitäten bewiesen.

- Wer für den elterlichen Betrieb die Internetseite erstellt hat, belegt, dass er praktische Erfahrungen mit Webseiten gemacht hat.

- Wer die Geburtstagseinladung der Oma gekonnt illustriert hat, kann einen Beleg für sein Zeichentalent vorweisen.

Denken Sie von den Anforderungen Ihrer Traumstelle aus, auch zusammen mit Freunden und Familienmitgliedern. Viele Dinge aus dem Freizeitbereich sind nicht ständig präsent und können, im richtigen Moment präsentiert, in einem Bewerbungsverfahren den entscheidenden Punkt bringen.

Listen Sie all das auf, was Sie für die Traumstelle mitbringen. Damit haben Sie Ihren Leistungskatalog, den Sie für das Selbstmarketing benötigen.

Mein Leistungskatalog	
Anforderung an den Job	Warum erfülle ich diese Anforderung?
Kreativität	Slogan für den Sportverein entwickelt
Teamfähigkeit	Spiele seit Jahren Beachvolleyball
Belastbarkeit	Laufe Marathon

Gerade für Berufseinsteiger sind auch Erfahrungen in Ehrenämtern oder im privaten Bereich Belege für einzelne Aspekte des Leistungskatalogs.

Die Beförderung

Wenn Sie mit Ihrem Arbeitgeber zufrieden sind, allerdings das Gefühl haben, Sie könnten auf der Karriereleiter ruhig eine Stufe nach oben springen, befinden Sie sich in einer anderen Situation als ein beruflicher Neueinsteiger. Sie wissen mehr oder weniger genau, was an der angestrebten Position von Ihnen erwartet wird. Nun heißt es, den eigenen Leistungskatalog dahingehend auszurichten oder so zu präsentieren, dass Ihre Chancen für die gewünschte Beförderung steigen.

Auch für Stellen im eigenen Unternehmen gilt: Es ist nicht alles Gold, was glänzt. Natürlich bekommt jemand, der in einem Unternehmen arbeitet, grob mit, was die Kollegen in der näheren Umgebung tun. Er erlebt in Meetings und Gesprächen, welche Aufgaben andere Mitarbeiter haben. Aber welche Anforderungen eine Stelle, die man nicht selbst innehat, wirklich mit sich bringt, lässt sich dadurch nicht endgültig festlegen. Dennoch lohnt es sich, alles zu sammeln, was über die Wunschstelle und das dortige Aufgabengebiet gesagt wird. In jedem Fall sollten Sie versuchen, konkrete Informationen vom Stelleninhaber, vom potenziellen Vorgesetzten, von der Personalabteilung oder vom Betriebsrat zu erhalten. Je genauer Sie wissen, welche Erwartungen an potenzielle Bewerber oder Nachrücker gestellt werden, umso besser können Sie Ihren Leistungskatalog präsentieren.

Übung: Ihr Profil für die Wunschstelle

Erstellen Sie eine Tabelle mit zwei Spalten. Tragen Sie links alle Informationen ein, die Sie über das Aufgabenspektrum Ihrer Wunschstelle finden können. Schreiben Sie in die rechte Spalte die Vorlieben und Fähigkeiten, die Sie in Ihrer Persönlichkeitsanalyse herausgefunden haben und die zu den Anforderungen passen. Die so entstehende Schnittmenge ist der Leistungskatalog, den Sie mit Blick auf Ihre Wunschstelle in den Mittelpunkt Ihrer Selbstmarketing-Aktivitäten stellen.

Aufgaben in meinem Traumjob	Meine Vorlieben und Fähigkeiten, die dazu passen

Ein neuer Aufgabenbereich

Wer sich innerhalb seines aktuellen Unternehmens bewirbt, muss sich bewusst machen: Er ist dort bekannt. Das kann sowohl vorteilhaft als auch nachteilig sein. Wir dürfen uns nichts vormachen, es gibt kaum einen Menschen, den wirklich alle uneingeschränkt positiv bewerten. Das muss mit dem Menschen selbst gar nichts zu tun haben. Vielleicht trägt er die Haare wie der Lehrer, der einen immer getrietzt hat, oder er hat die Position, die man selbst gerne hätte. Bei einer Stellensuche in einem Unternehmen wirken solche Befindlichkeiten stärker als bei einer externen Bewerbung. Ganz einfach, weil sie über Jahre aufgefallen sind und womöglich schon seit dem Tag der ersten Begegnung nerven.

Der Vorteil einer Bewerbung beim aktuellen Arbeitgeber ist, dass Ihre Unterlagen schon deshalb wahrgenommen werden, weil Ihr Name bekannt ist und Sie bereits positiv aufgefallen sind.

Die Arbeitsstelle bei einem neuen Arbeitgeber

Der Vorteil der Bekanntheit entfällt meist bei Bewerbungen in anderen Unternehmen, wenn diese nicht gerade auf Empfehlung oder über einen Headhunter erfolgen. Sie müssen also dort Ihre Leistungspalette in einem Bewerbungsschreiben und einem Vorstellungsgespräch präsentieren. Je besser Sie wissen, was Sie können und wollen, umso konkreter können Sie die Aspekte einer Ausschreibung, die hundertprozentig auf Sie zutreffen, in einem Brief hervorheben.

Beispiel:

Ein Diplom-Archivar arbeitet in einer Bibliothek. Sein Traumjob ist jedoch eine Stelle in einem Unternehmen, um dort nicht nur die Archivalien zu verwalten, sondern für eine Chronik oder eine Unternehmensbroschüre auszuwerten. Er arbeitet bereits ehrenamtlich in einer Arbeitsgruppe, die die Geschichte seiner Heimatstadt aufarbeitet. Zu seiner Leistungspalette gehört also nicht nur die Verwaltung von Archivalien, sondern auch die Aufbereitung historischer Fakten, die er in seinem Bewerbungsschreiben besonders hervorhebt.

Für Angestellte, die die Stelle wechseln möchten, lohnt es sich also, einen Katalog der eigenen Leistungen zu erstellen, um bei allen Selbstmarketing-Aktivitäten darauf zurückzugreifen. Bei der Erstellung eines Leistungskatalogs mit Blick auf eine neue Stelle sind vor allem die Fähigkeiten und Vorlieben wichtig. An oberster Stelle sollte jedoch die Vision stehen. Denn, wenn Sie schon die Stelle wechseln, sollten Sie versuchen, Ihrem Traumjob ein Stückchen näher zu kommen.

Natürlich wäre es schön, wenn Sie ihn direkt erreichen könnten. Aber das gelingt selten sofort und manchmal entpuppen sich Umwege als Segen für das Gesamtziel. Schauen Sie also noch einmal die Vision an und nutzen Sie diese als Schablone, wenn Sie Stellenausschreibungen lesen oder mit Personalvermittlern sprechen. Je konkreter Sie die Aufgaben, die für Sie zu Ihrer Vision gehören, kennen und formulieren können, umso passgenauer kann Ihre Suche sein.

Übung: Konkretisieren Sie Ihre Vision

Holen Sie Ihre Vision aus der Datei und dem Notizbuch hervor. Suchen Sie im Internet Stellenbeschreibungen zu Ihrem Traumjob. Sprechen Sie mit Menschen, die diese Tätigkeit bereits ausüben. Sammeln Sie alle noch so kleinen Aufgabendetails und erstellen Sie eine Liste der Anforderungen für Ihren Traumjob.

Nachdem Sie genau wissen, was in Ihrem Traumjob verlangt wird, geht es an die Bestandsaufnahme Ihrer Fähigkeiten. Können Sie all das, was die Tätigkeit ausmacht? Stellen Sie Ihre bisherigen Aufgaben den neuen Anforderungen gegenüber. So werden auch Lücken deutlich, die durch gezielte Fortbildungen, Hospitationen oder Zusatzqualifikationen geschlossen werden können. Das kann parallel zur Bewerbung geschehen, schließlich ergibt sich nur in Ausnahmefällen ein passendes Jobangebot bereits nach der ersten Bewerbung.

Schon wegen der Kündigungsfristen dauert es in der Regel zwei bis sechs Monate, in Einzelfällen sogar noch länger, bis man aus einer festen Stelle heraus zu einem neuen Arbeitgeber wechseln kann.

> Listen Sie das, was Sie einem neuen Arbeitgeber anbieten können, in einem Leistungskatalog auf. Dieser Katalog bildet die Grundlage für Ihre Selbstmarketing-Maßnahmen.

Sich von anderen abgrenzen

Nun wissen Sie also, was Sie Ihrem Arbeitgeber und Ihrem Kunden anbieten möchten. Eigentlich könnten Sie Ihren Flyer oder Ihr Bewerbungsschreiben schon in Angriff nehmen. Wäre da nicht die Konkurrenz, die bekanntlich nicht schläft und leider die gleiche Ausbildung gemacht oder die gleiche Fortbildung besucht hat. Unternehmen grenzen ihr Produkt von vergleichbaren Produkten durch ein Alleinstellungsmerkmal, genannt USP (Unique Selling Proposition), ab. Wo möglich achten sie schon bei der Entwicklung darauf, dass ihr Produkt ein Kennzeichen besitzt, das ähnliche Produkte nicht haben. Wo das nicht möglich ist, wird bei der Entwicklung der Marketingstrategie ein Alleinstellungsmerkmal gesucht, z. B. die Verpackungsgröße, eine Zugabe in der Verpackung. In jedem Fall ist es die Aufgabe des Marketing, diesen USP besonders herauszustellen. Gäbe es ein Auto, das fliegen kann, so hätte es einen klaren USP. Aber nur solange, bis die Konkurrenten ein Auto entwickelten, das ebenfalls fliegen kann.

Sie sehen, es ist nicht leicht, ein Alleinstellungsmerkmal zu finden, und nahezu unmöglich, dieses auf Dauer zu beanspruchen. Aber bis andere kommen und das fliegende Auto oder Sie imitieren, hat das Auto-Unternehmen schon viele Autos verkauft und Sie haben einen Kundenstamm aufgebaut oder Ihren Traumjob gefunden. Ein Alleinstellungsmerkmal hilft Ihnen, wie dem Produkt in einem Laden, aufzufallen. Ein Kunde oder Personalentscheider schaut zweimal hin, wenn er sieht, dass Sie genau das anbieten, was er gerade sucht.

Beispiel

Eine Fotografin will sich bei einem Netzwerk-Abend präsentieren, an dem auch die Firma XY vertreten ist, die immer wieder Fotografen für Produkt-Shootings engagiert. Das ist genau der Bereich, in dem die Fotografin stärker arbeiten möchte. Präsentiert sie Fotos von Kindern, Wiesen, Hochzeitspaaren und Blüten, hakt der Vertreter der Firma XY sie ab. Er braucht schließlich Spezialisten. Zeigt sie jedoch außergewöhnliche Stillleben, die vor Farben sprühen, Fotos von Produkten und Gegenständen, weil das ihr Schwerpunkt ist oder werden soll, schaut der Firmenvertreter zweimal hin und lässt sich ihre Visitenkarte geben.

Die Wettbewerbsanalyse

Um sich von anderen abgrenzen zu können, sollte man wissen, in welchem Wettbewerbsumfeld man sich bewegt. Eine solche Analyse ist für Existenzgründer unerlässlich, aber auch für Selbstständige und Jobsuchende wichtig. Dank Internet ist das heute viel leichter möglich als früher. Eine Suche in der Suchmaschine nach den eigenen Schwerpunkten bezogen auf den Ort oder das Aktionsgebiet zeigt schnell, ob es vergleichbare Angebote gibt.

- Existenzgründer sollten mit Blick auf das geplante Arbeitsfeld Branchenbücher durchforsten und die Anbieter vergleichbarer Leistungen so genau wie möglich analysieren. Natürlich können sie ihr Alleinstellungsmerkmal nun nicht beliebig wählen. Wer nicht schneidern kann, kann sich nicht plötzlich als einziger dichtender Schneider verkaufen. Aber er kann bei der Festlegung seines USP vorhandene Fähigkeiten in den Vordergrund rücken, die sonst niemand abdeckt.

- Auch für Selbstständige ist ein Blick in die Branchenbücher oder eine gelegentliche Internetrecherche wichtig. Gerade, wenn sie gut beschäftigt sind, bekommen sie oft nicht mit, wenn ein Wettbewerber auftaucht. Spätestens, wenn ein Konkurrent den eingeführten USP für sich nutzt, ist es an der Zeit, sich neu zu definieren.

- Jobsuchende, die bei ihrem aktuellen Arbeitgeber eine neue Aufgabe suchen, können einen Teil der Wettbewerber gut einschätzen und die eigenen Besonderheiten hervorheben.

- Jobsuchende, die einen neuen Arbeitgeber suchen, haben es da schwerer. Gespräche mit Kollegen aus der Berufsschule, dem Studiengang, der gleichen Branche und dem Berufsverband helfen unter Umständen weiter. Dabei wird deutlich, welche Schwerpunkte sie legen und wo sie sich unterscheiden.

Übung: Analysieren Sie Ihre Wettbewerber

Setzen Sie sich an Ihren Computer und geben Sie Ihre
Schwerpunkte und Ihren Wohnort in die Suchmaschine ein.
So bekommen Sie einen ersten Überblick, wer sich sonst
noch auf Ihrem Terrain tummelt. Das gilt übrigens auch für
Angestellte, da Suchmaschinen soziale Netzwerke wie Fa-
cebook, XING und LinkedIn auswerten und Sie so erfahren,
wer in Ihrer Region denselben Beruf hat und in ähnlichen
Bereichen tätig ist.

Die Wünsche der Kunden

Nun können Ihre Wettbewerber anbieten, was sie wollen.
Entscheidend ist doch, ob das die Kunden interessiert. Im
nächsten Schritt ist wichtig, innezuhalten und sich zu fragen,
wer eigentlich der Kunde ist, also derjenige, den man von sich
selbst überzeugen muss, und was er wünscht. Hier sind die
Menschen im Vorteil, die begabt darin sind, gedanklich die
Rollen zu wechseln und sich vorstellen können, in der Situation des Auftraggebers oder Personalentscheiders zu stecken.
Je mehr Erfahrungen jemand in unterschiedlichen Situationen
gesammelt hat, umso leichter wird er sich dabei tun.

Stellen Sie sich vor, Sie wären derjenige, der jemanden sucht,
der Ihre Leistung anbietet. Was wollten Sie wissen, was wären
Ihre Anforderungen und welche Fragen würden Sie stellen?
Wenn es Ihnen nicht gelingt, diesen Rollenwechsel zu voll-
ziehen, fragen Sie in Ihrem Bekanntenkreis nach. Jeder
Mensch übernimmt viele verschiedene Rollen. Wer weiß,
vielleicht hat der Vorsitzende des Elternbeirats eine Entschei-

derfunktion in einem Unternehmen, das Ihnen als nächster Arbeitgeber vorschwebt. Erkundigen Sie sich, welche Ansprüche er an einen Mitarbeiter hätte. Fragen Sie ihn, ob er Ihnen Tipps geben kann. So erfahren Sie viel über Ihre Kunden und Sie knüpfen einen Kontakt, der noch wertvoll werden kann.

- Jobsuchende, die sich im eigenen Unternehmen bewerben, kennen ihre Zielgruppe zumeist; versuchen Sie dennoch, soviel wie möglich über die Ansprüche des Personalentscheiders herauszufinden, um seinen Bedarf so genau wie möglich zu treffen.

- Auch Jobsuchende, deren Zielgruppe unbekannt ist, können sich ein Bild von ihr machen, indem sie im Internet recherchieren und Bekannte ausfragen.

- Existenzgründern bleibt nichts anderes übrig, als Marktanalysen für ihre Branchen auszuwerten und eigene Umfragen vorzunehmen. Im ersten Schritt helfen hier oft Gespräche mit Bekannten und Freunden, die einen Eindruck vermitteln, was die Kundschaft erwartet.

- Selbstständige kennen ihre Kunden meist, viele führen Kundenbefragungen durch, um deren Wünsche aktuell zu erfahren, oder sie sprechen mit ihnen informell, um herauszubekommen, wo das Angebot verbessert oder aufgewertet werden kann.

Übung: Machen Sie sich klar, wer Ihr Kunde ist

Nehmen Sie sich Zeit dafür, sich Ihren Kunden bildlich
vorzustellen. Bei der Suche nach solch einem aussagekräf-
tigen Bild sind folgende Fragen hilfreich:

- Wie sieht mein Kunde aus? (alt, jung, männlich, weiblich,
  freakig, seriös ...)
- Wie ist er gekleidet? (ordentlich, schlampig, nach der
  neuesten Mode, zeitlos ...)
- Welche Berufe übt er aus? (angestellt, selbstständig,
  Führungskraft, Arbeiter ...)
- Welchen Schulabschluss und welche Ausbildung hat er?
  Welche Position im Unternehmen bekleidet er?

Die Vorstellung vom konkreten Kunden hilft Ihnen dabei, Ihr
Ich-Produkt so zu beschreiben, dass der Kunde sich davon
angesprochen fühlt. Was nützt Ihnen die schönste Produktbeschreibung oder Bewerbung, wenn Ihr Gegenüber nicht
versteht, was gemeint ist?

Die Abgrenzung

Nun heißt es, sich selbst einzuordnen und anhand der eigenen
Fähigkeiten und Vorlieben etwas zu finden, mit dem man sich
von den anderen abgrenzt und möglichst genau die Wünsche
der Kunden trifft. Hilfreich sind hier neben den Fähigkeiten
besonders die Erfahrungen in dem Bereich, in dem man sich
hervortun möchte. Sie können einerseits als USP eingesetzt
werden, so z.B. „mit jahrzehntelanger Erfahrung", aber sie

helfen auch, notfalls mit ein wenig Kreativität ein anderes Alleinstellungsmerkmal zu schaffen.

Beispiel

Ein Fotograf kann gut mit Kindern umgehen und hat Spaß daran, sie zu fotografieren. Daher hat er sich auf Kinderfotografie spezialisiert und spricht mit seiner Werbung neben Eltern auch Kindertageseinrichtungen an. Da er weiß, dass viele Eltern gestellte Fotos im Turnraum nicht mögen, bietet er an, die Kindergruppe bei einem Ausflug zu begleiten und dort Fotos zu machen. Sein Alleinstellungsmerkmal könnte lauten „Lebendige Kinderfotos in natürlicher Umgebung".

Seien Sie also kreativ, wenn Sie Ihr Alleinstellungsmerkmal suchen. Schauen Sie bewusst auch auf Ihre Vorlieben, Ihre Lebensgeschichte und außerberuflichen Fähigkeiten. Fast immer finden sich dort Kompetenzen, die Sie – verbunden mit Ihren Leistungen – von anderen abheben.

Beispiel

Eine Pressereferentin möchte sich nach Abschluss der Elternzeit als PR-Beraterin selbstständig machen. Sie hat bisher in verschiedenen Branchen gearbeitet. Die Branche hilft bei der Suche nach einem USP also nicht weiter. Aber sie hat während der Elternzeit in einem Blog Dinge vorgestellt, die eine Familie benötigt. Sie hat ein Netzwerk zu Eltern sowie zu Unternehmen, die die Zielgruppe Eltern erreichen möchten. Ein USP wäre „Nachhaltige PR für Unternehmen, die Eltern mit Kleinkindern im Fokus haben".

Noch geht es nicht darum, die passende Beschreibung zu finden, sondern erst einmal das Merkmal, das Sie von anderen unterscheidet. Daher ist die Analyse der eigenen Besonderheiten so wichtig. Alle Aspekte, die sich dort finden, können als USP dienen. Je breiter das Spektrum ist, umso größer ist die Chance, dass Sie etwas finden, das einzigartig ist.

> Bleiben Sie möglichst weit von der Konkurrenz entfernt und so nah wie möglich an den Wünschen der Kunden.

Wenn es Ihnen schwerfällt, ein Alleinstellungsmerkmal zu finden, vergleichen Sie sich und Ihr Produkt mit anderen:

- Sind Sie irgendwo besser, schneller, effektiver, preiswerter, anders als andere? (Beispiel: Sie arbeiten viel lieber nachts und können daher Service über Nacht anbieten)

- Setzen Sie eine besondere Technik ein oder nutzen Sie ausgefallene, innovative Materialien oder Methoden? (Beispiel: ein leicht bedienbares Content-Management-System)

- Arbeiten Sie mit Experten zusammen, die Ihrem Produkt zugutekommen? (Beispiel: als Texter mit einem Korrektorat)

- Berücksichtigen Sie gesellschaftliche Trends mehr als andere? (Beispiel: besondere Umweltverträglichkeit der Materialien, die Sie einsetzen)

Suchen Sie nach Dingen, die Ihnen so schnell keiner nachmachen kann. Ein Alleinstellungsmerkmal wie ein besonders günstiger Preis ist nur begrenzt hilfreich. Sie sind dann leicht angreifbar. Einen Preis reduzieren kann jeder schnell; sich in eine Software einarbeiten, dauert deutlich länger und Ihre Lebenserfahrung nachzuholen, das geht gar nicht.

Übung: Finden Sie Ihr Alleinstellungsmerkmal

Betrachten Sie all Ihre Besonderheiten und prüfen Sie, ob einer der Wettbewerber etwas Ähnliches aufweisen kann. Ergänzen Sie den Satz: „Unter allen ... in ... bin ich derjenige, der ... kann". Setzen Sie Ihre Begriffe ein und spielen Sie mit dem Satz, bis Sie merken, dass Sie genau die richtige Formulierung gefunden haben.

Das Produkt „Ich" beschreiben

Nachdem Sie nun wissen, was Ihr Ich-Produkt ausmacht und wo es sich von vergleichbaren Angeboten unterscheidet, gilt es, dieses Wissen in wenige Worte und Sätze zu verpacken, die sich gut einprägen. In Unternehmen übernimmt diese Aufgabe die Marketing- oder Kommunikationsabteilung, mitunter in Zusammenarbeit mit einer Agentur. Da Sie Ihre eigene Marketing- und Kommunikationsabteilung sind, müssen Sie ran – es sei denn, Sie leisten sich eine Agentur. Dann können Sie die folgenden Seiten beruhigt auslassen und direkt zum nächsten Kapitel übergehen. Ihre bisherige Analyse eignet sich bereits als Briefing für die Agentur.

Ihr USP

Wenn Sie sich selbst an die Arbeit machen möchten, beginnen Sie am besten damit, dass Sie Ihr Alleinstellungsmerkmal groß auf ein Blatt Papier schreiben und auf sich wirken lassen. Welche Wörter fallen Ihnen dazu ein? Sammeln Sie Nomen,

Adjektive und Verben, die zu Ihrem Alleinstellungsmerkmal passen.

Übung: Bringen Sie Ihren USP in einen Satz

Schreiben Sie die Nomen, Adjektive und Verben zu Ihrem Alleinstellungsmerkmal auf Notizzettel. Am besten für jede Wortart eine andere Farbe. Bilden Sie nun immer neue Kombinationen der Begriffe.

Beispiel

Bei der Suche nach meinem USP ergaben sich unter anderem folgende Begriffe: Texte, Geschichten, Kinder, Krimi, Erwachsene, Information / schreiben, verfassen, texten /unterhaltsam, spannend, pädagogisch, informativ, nachdenklich. Meine Vision war und ist es, Geschichten zu erfinden. Daher war klar, dass „Texte" für das Alleinstellungsmerkmal nicht in Frage kommt. „Geschichten" stand also schon fest. Als ich mir anschaute, was meine Geschichten gemeinsam hatten, dann war es eine Information, sei es über eine Stadt (in den Regionalkrimis) oder ein Problem, mit dem Kinder sich beschäftigen (Schüchternheit). Auf jeden Fall sollte also Information in der Beschreibung vorkommen, ein bisschen Information. Von „ein bisschen" kam ich dann zum „I-Tüpfelchen" und landete so bei den „Geschichten mit dem Info-Tüpfelchen".

Seien Sie also kreativ, wenn Sie die Basisbegriffe gefunden haben. Suchen Sie nach Synonymen oder Wörtern, die damit in Verbindung stehen.

Die Leistungen

Ihr Alleinstellungsmerkmal ist quasi der Titel Ihres Produkt-Katalogs. Es soll neugierig machen und in den Köpfen der Kunden oder Personalentscheider hängen bleiben. Aber dahinter muss auch konkreter Inhalt stehen. Ein Buch, dessen Titel Spannung verspricht, jedoch nur leere Seiten enthält, würde ja schließlich auch schnell zu Unzufriedenheit führen. Im nächsten Schritt ist daher wichtig, die Leistungen so anschaulich und genau wie möglich zu formulieren. Eine detaillierte Beschreibung stellt sicher, dass jeder Interessent, der durch den Titel neugierig wurde, auch findet, was er sucht und sei es nur ein Teil davon.

Beispiel

 Der Schornsteinfegermeister und Energieberater Christoph Wiegers formuliert auf seiner Internetseite seine Dienstleistungen und erläutert diese, wo nötig, mit Bezug zu den rechtlichen Vorgaben.

Energieberatung / Brandschutz / Betriebssicherheit / Bauberatung bei Neu-, Um- und Ausbau im Bereich Umweltberatung / Emissionsmessungen / Bauzustandsbesichtigungen & baurechtliche Bescheinigungen

Greifen Sie bei der Formulierung Ihrer Leistungen ruhig auf Adjektive zurück, so sie denn zu Ihrem Angebot passen und für den Kunden interessant sind. „Schön" z.B. ist Geschmackssache, aber unter „schnell" versteht jeder, dass er die Leistung in kurzer Zeit bekommt. Dass dieses Versprechen dann auch eingehalten werden muss, versteht sich von selbst. Das Alleinstellungsmerkmal ist schließlich zugleich ein Versprechen, das Sie einhalten sollten. Bei der Beschreibung der Leistungen ist wichtig, dass sie

- für Ihre Kunden verständlich ist; nicht jeder versteht die Fach- oder Branchensprache
- interessant klingt und neugierig macht
- zutreffend ist

Mit dem flott formulierten Alleinstellungsmerkmal, das Sie ab sofort bei jeder Gelegenheit unter die Leute bringen, und der Leistungsbeschreibung steht die Grundlage für Ihr Selbstmarketing.

Ihre Leistungen in Bildern und Geschichten

Bilder und Geschichten wirken auf alle Menschen nachhaltiger als Schlagworte und Begriffe. Denken Sie daher schon jetzt darüber nach, welche Bilder zu Ihrem Ich-Produkt passen und welche Geschichten hinter Ihren Leistungen stehen.

Im Rahmen Ihres Selbstmarketing werden Sie immer wieder in die Situation kommen, dass Sie Bilder auswählen müssen – für die Internetseite, eine Informationsbroschüre oder eine Präsentation. Je eher Sie Bildmaterial sowohl gedanklich als auch physisch vorliegen haben, umso leichter kommen Sie bei der konkreten Umsetzung voran.

Übung: Ihr Ich-Produkt in Bildern

Überlegen Sie, welche Bilder zu Ihrem Alleinstellungsmerkmal und zu Ihren Leistungen passen. Lassen Sie sich inspirieren. Werbemittel und Internetseiten der Wettbewerber helfen da ebenso wie Bilddatenbanken. Notieren Sie diese Ideen.

Ein Wort zur Nutzung von Bildern. Bilder unterliegen ebenso wie Texte dem Urheberrecht. Sie dürfen sie nicht ohne Genehmigung des Rechteinhabers veröffentlichen, auch nicht auf Ihrer Internetseite oder in Ihrem Flyer. Bilddatenbanken im Internet, wie z.B. fotolia oder gettyimages, bieten Nutzungsrechte für Bilder gegen ein Entgelt an. Eine Alternative ist, selbst Fotos zu machen oder einen Fotografen zu beauftragen. Aber auch dem Fotografen müssen Sie mitteilen, dass Sie die Fotos veröffentlichen möchten. Ein einfaches Passbild z.B. beinhaltet nicht automatisch das Recht zur Vervielfältigung in einer Broschüre. Auf der sicheren Seite sind Sie, wenn Sie die Fotos, die Sie einsetzen, selbst fotografiert haben. Aber auch das kann Tücken haben. Wenn Personen oder Marken abgebildet sind, kann unter Umständen das Recht am eigenen Bild oder das Markenrecht gelten. Prüfen Sie unbedingt vor Einsatz eines Bildes die rechtlichen Gegebenheiten. Das Gleiche gilt für die Nutzung von Zeichnungen, die Sie nicht selbst erstellt haben.

Menschen lieben Geschichten. Je besser Sie Ihr Produkt in Geschichten vorstellen oder mit einer guten Story verbinden können, umso größer ist die Chance, dass Sie in Erinnerung bleiben. Allerdings sollten Sie genau prüfen, ob Ihre Geschichten wirklich verstanden werden und ob Ihr Gegenüber tatsächlich das Produkt, das Sie beschreiben möchten, damit verbindet. Manche noch so schöne Metapher ist negativ besetzt oder mehrdeutig. Darauf sollten Sie dann lieber verzichten.

Übung: Finden Sie Geschichten zu Ihrem USP

Stellen Sie sich vor, Sie sollten Ihren USP verfilmen. Wie würden Sie das machen? Welche Geschichte würden Sie erzählen? Schreiben Sie sie auf, sie kann bei der nächsten Präsentation Pluspunkte bringen.

Auf einen Blick: Die Entdeckung des Produkts „Ich"

- Grundlage des Selbstmarketing ist das Produkt „Ich", das erst einmal beschrieben werden muss, ehe die Marketing-Aktivitäten beginnen können.

- Das Ich-Produkt ergibt sich aus der Vision, den Fähigkeiten und Vorlieben, den Erfahrungen und Rahmenbedingungen jedes Einzelnen.

- Mit einer Wettbewerbsanalyse kann man den eigenen Schwerpunkt finden und sich von anderen abgrenzen.

- Ein gut formuliertes Alleinstellungsmerkmal hilft, sich immer und überall so zu präsentieren, dass das Produkt „Ich" verstanden und abgespeichert wird.

- Ein Katalog der Leistungen ist für Selbstständige und Angestellte gleichermaßen wichtig. Er erlaubt, gezielt und schnell nach Auftraggebern und Arbeitgebern zu suchen.

Auf die Verpackung kommt es an

Beruflich wie privat zählen nicht nur die inneren Werte. Es kommt auch darauf an, wie diese verpackt sind. Mit Ihrem Auftreten, Ihrer Sprache, Ihrer Kleidung vermitteln Sie anderen einen ersten Eindruck von Ihrem Produkt „Ich".

In diesem Kapitel erfahren Sie,

- wie Ihre Stimmung Ihren Erfolg beeinflusst,
- warum Sprache zum Selbstmarketing gehört,
- weshalb Kleider Leute machen,
- wie Sie mit guter Kommunikation punkten.

Mit dem richtigen Auftritt überzeugen

Hatten Sie bei der Begegnung mit einem anderen Menschen auch schon einmal das Gefühl, dass das ganze Verhalten nicht zu dem passt, was er oder sie vertritt? Solche Irritationen können Aufmerksamkeit erzeugen und dafür sorgen, dass man über diese Person nachdenkt oder spricht. Sie können allerdings auch dazu führen, dass man einen inneren Widerstand spürt und versucht, den Kontakt zu meiden.

Der erste Eindruck zählt

Viele Studien haben gezeigt, dass es sich in nur wenigen Sekunden entscheidet, ob wir uns gedanklich weiter mit einem anderen befassen oder nicht. In einer Zeit, in der alle immer auf dem Sprung sind und in Gedanken schon bei der nächsten Aufgabe, ist es umso wichtiger, dass Sie mit Ihrem Ich-Produkt schnell neugierig machen und Interesse wecken.

Prima, dann sollte ich möglichst irritieren, damit sich jemand länger mit mir beschäftigt, meinen Sie? Bedenken Sie, dass nicht jeder Zeit dafür hat oder sich die Zeit dafür nimmt.

Beispiel

 Stellen Sie sich vor, Sie besuchen ein Netzwerktreffen mit 20 bis 30 Teilnehmern. Ihnen fällt eine Frau auf, die durch ihre farbenfrohe Kleidung aus dem Menschengetümmel heraussticht. Als Sie sie fragen, was sie denn so macht, stammelt sie unsicher. Sie können sich nur zusammenreimen, dass sie Personalcoach ist. Sie wären irritiert und Sie würden allerhöchstens aus Höflichkeit bei ihr stehenbleiben, sie aber nicht als geeigneten Personalcoach abspeichern.

Nur ein stimmiges Bild beeindruckt

Bei der Darstellung eines Ich-Produkts kommt es darauf an, dass Inhalt und Auftritt zueinander passen. Eine Typberaterin, die wie eine graue Maus daher kommt, tut sich ebenso schwer, Kunden zu gewinnen, wie ein Betriebswirt, der in Jeans und T-Shirt zum Bewerbungsgespräch erscheint.

Wir Menschen assoziieren zu Begriffen automatisch Bilder, die sich in unserem Kopf über Jahre angesammelt haben. Das hat mit Vorurteilen nichts zu tun. Unser Gehirn ist ein Bildwörterbuch. Es speichert zu einem Begriff ein Bild ab und checkt bei jeder neuen Begegnung mit dem Begriff, ob das Bild richtig oder falsch ist. Gegebenenfalls verändert es das Bild. Sobald der Begriff erwähnt wird, erscheint also das Bild im Kopf. So verbinden die meisten Erwachsenen mit dem Wort „schnell" ein Auto, Flugzeug, einen Läufer vielleicht oder einen ICE, aber ganz sicher nicht eine Schnecke oder einen Rollator.

Übung: Assoziieren Sie zu Ihrem Alleinstellungsmerkmal

Nehmen Sie jeden einzelnen Begriff Ihres Alleinstellungsmerkmals und schreiben Sie auf, was Ihnen hierzu einfällt. Oder befragen Sie Freunde und Bekannte, welche Bilder sie damit verknüpfen. Markieren Sie die Eigenschaften und Verhaltensweisen, die Sie bereits nach außen tragen und prüfen Sie, ob und wo es Optimierungsbedarf gibt.

Damit die Botschaft eines Alleinstellungsmerkmals wirklich ankommt, muss sie so klar wie möglich kommuniziert werden. Hier ist ein kleiner Ausflug in die Kommunikationsforschung nötig. Es ist nämlich keinesfalls so, dass bei einem Gegenüber – ob das nun ein potenzieller Kunde oder ein künftiger Vorgesetzter ist – nur das ankommt, was man sagt. Auch die Art, wie man sich verhält, der Gesichtsausdruck und die Körperhaltung vermitteln eine Botschaft. Hierzu hat das Gehirn über viele Jahre seine Maßstäbe gesammelt:

- Wer sich in einem Gespräch in den Sessel lümmelt oder halb auf dem Tisch liegt, wirkt nachlässig, uninteressiert und bequem.

- Wer schlurft, wirkt nachlässig oder sogar faul.

- Wer nach unten sieht und dem Gegenüber nicht ins Gesicht schaut, wirkt unsicher.

- Wer zu vertraulich mit einem Fremden umgeht, wirkt aufdringlich, unzuverlässig und nicht vertrauenswürdig.

All jene Eigenschaften können durchaus zu einem Ich-Produkt passen, das ist keine Frage. Entscheidend ist, dass Sie reflektieren, ob Ihr Verhalten zu dem passt, was Sie kommunizieren möchten.

Beispiel

 Der Finanzberater, der beim Glas Wein über seine Kunden lästert, darf sich nicht wundern, wenn sich keine weiteren Klienten einstellen. Das Gleiche gilt für den Coach, der sich bei Facebook in epischer Breite über seine persönlichen Probleme und Unsicherheiten auslässt oder gar Anekdoten aus der Beratung beschreibt.

Die Verpackung des Ich-Produkts ist die Summe dessen, was wir nach außen tragen. Das sollte man sich immer wieder vor Augen führen. Und das gilt nicht für nur für Selbstständige. Die Welt ist kleiner, als man denkt. Es kann passieren, dass einem am Vormittag der Mensch, den man am Abend zuvor in der Sauna getroffen hat, als potenzieller Kunde oder Personalentscheider gegenüber sitzt. Der alte Spruch „Benimm dich zu Hause wie ein König, dann kannst du dich beim König benehmen wie zu Hause", hat seine Berechtigung. Denn: Der Kunde und künftige Vorgesetzte lauert immer und überall!

- Wer ein Alleinstellungsmerkmal gewählt hat, das zu ihm passt, der muss einfach nur er selbst sein und wird souverän mit neuen Kunden oder Vorgesetzten umgehen können.

- Wer sich ein Alleinstellungsmerkmal übergestülpt hat, muss sich ständig kontrollieren und überprüfen, ob sein Verhalten dazu passt.

> Beim Selbstmarketing ist jeder nicht nur Produktinhalt, sondern auch Verpackung. Sein Verhalten und sein Auftritt wirken wie bei einer Ware angemessen oder unangemessen, passend oder unpassend, ansprechend und abstoßend.

Was die Sprache über den Menschen aussagt

„Wer auf andere Leute wirken will, muss erst einmal in ihrer Sprache mit ihnen reden", hat der Schriftsteller und Journalist Kurt Tucholsky gesagt. Die Sprache sagt viel über einen

Menschen und darüber aus, wie er seine Zielgruppe kennt und einschätzt. Das bedeutet nun nicht, dass Sie sich verbiegen müssen und ab sofort ein aufgesetztes Hochdeutsch oder ein künstliches Bayrisch sprechen sollen. Entscheidend ist, dass die Sprache zum Ich-Produkt passt, damit es möglichst authentisch und überzeugend rüberkommt. Dazu gehört,

- dass man die Fachsprache seiner Branche beherrscht und sicher anwendet; wer z. B. als Buchhalter nicht sicher mit Begriffen wie Soll und Haben, GUV und Umlaufvermögen umgehen kann, stellt sich schon beim ersten Kundengespräch ins Abseits

- dass man die Sprachkompetenz vermittelt, die zu den Leistungen passt; eine Moderatorin z. B. sollte auch abseits des Mikrofons klar, sicher und deutlich sprechen und nicht nuscheln

- dass man sich seiner regionalen Sprachfärbung bewusst ist; solange man in seiner Region aktiv ist, wird diese in keiner Branche stören, über die Region hinaus werden Dialekte aber oft mit bestimmten Attributen verbunden; hier sollte man aufpassen und auf manche Ausdrücke eher verzichten

Wichtig ist vor allem, dass Ihr Sprachverhalten zu Ihrem Alleinstellungsmerkmal passt. Dennoch dürfen Sie variieren. Hier gilt es mit Geschick, eine Balance herzustellen zwischen der Sprache, die für Ihr Ich-Produkt angemessen ist, und der Sprache Ihres Kunden.

Beispiel

> Gehen wir davon aus, dass Sie mit dem Slogan „Das Wort am rechten Fleck" auftreten. Dann wäre es gut, wenn Sie auch im Gespräch versiert rüberkämen und Hochdeutsch sprechen. Wenn Sie aber feststellen, dass Ihr Gegenüber den Dialekt Ihrer Region in seiner höchsten Ausprägung spricht, dürfen Sie ruhig auch Ihre Sprachfärbung einbringen. Damit vermitteln Sie Ihrem potenziellen Kunden, dass Sie auf einer „Sprachlänge" sind und eine Gemeinsamkeit haben, die ihm ein gutes Gefühl vermittelt.

Sprache ist ein Instrument und je besser Sie darauf spielen können, umso nützlicher wird es Ihnen. Achten Sie auf Ihre Sprache und versuchen Sie sie bewusst zu lenken. Dabei hilft im Übrigen, vor einem Gespräch einen Videoclip in der passenden Sprache anzusehen oder einen Text in der Sprache zu lesen. So schaltet Ihr Gehirn schon in den Regional- oder Fremdwortmodus, in die Fachsprache oder in die einfache Sprache.

Vermeiden Sie aber den Fehler, den viele Menschen machen, die glauben, mit Fremdwörtern wichtig und gebildet zu klingen. Wer nie Fremdwörter benutzt, gerät in Gefahr, sie falsch zu gebrauchen, wenn er sie denn einsetzt, und wirkt unsicher und künstlich.

Prüfen Sie genau, welche Sprache zu Ihnen und Ihrem Ich-Produkt passt und bleiben Sie authentisch!

Übung: Welche Sprache passt zu Ihrem Ich-Produkt?

Versuchen Sie Ihre Sprache zu analysieren und bitten Sie Familienmitglieder, Freunde und Kollegen, Ihre Sprache ehrlich einzuschätzen. Diese Fragen helfen Ihnen, das eigene Sprachverhalten zu überprüfen:

- Haben Sie einen Akzent?
- Sprechen Sie Dialekt? Wann?
- Verschlucken Sie Endungen oder Buchstaben?
- Nutzen Sie häufig Fremdwörter? Verstehen die Menschen aus Ihrem Umfeld, die Ihrer Zielgruppe entsprechen, Sie?
- Sind Sie sicher in Ihrer Fachsprache?

Diese Übung zielt nicht darauf ab, dass Sie sich für einen Sprachkurs oder ein Sprechtraining anmelden. Das ist dann notwendig, wenn Sprache oder Sprechen Kern Ihres Produktes sind, als Sprecher für Hörbücher oder Moderatorin zum Beispiel. Die Übung soll Ihnen helfen, sich selbst bewusst zu werden, wie Sprache wirken kann. Sie werden sehen, dass Sie ab jetzt die Sprache anderer ganz anders wahrnehmen.

Übrigens: Ein Satz wirkt völlig anders, wenn er in Ich-Form und nicht in Man-Form gesagt wird; er wirkt persönlicher und weniger überheblich. Eine Bemerkung mit einem „man" wirkt häufig so, als distanziere man sich innerlich von dem Gesagten, oft aber auch, als wüsste der Sprecher alles besser, weil „man", nämlich alle, so dächten oder so handelten. Mit drei

Buchstaben können Sie sich Sympathien schaffen und verscherzen. Achten Sie in Podiumsdiskussionen oder Talkrunden einmal darauf. Es ist verblüffend, wie unterschiedlich die Botschaften wirken.

> Sprache ist ein mächtiges Instrument, das im Zusammenspiel mit den anderen Faktoren einer Person harmonisch oder schräg klingen kann. Aber auch das Spiel auf diesem Instrument kann man lernen.

Wo Kleidung eine Rolle spielt

Wenn ich über den Zusammenhang zwischen Kleidung und Job nachdenke, fallen mir immer zwei Beispiele ein, die ich Ihnen nicht vorenthalten möchte, weil sie zwei verschiedene Facetten des Themas sehr schön dokumentieren.

- Einmal habe ich mit einem älteren Mann zusammengearbeitet, der grundsätzlich gelbe oder rote Jacketts trug. Nicht, weil er sich darin wohl fühlte, sondern weil er, wie er selbst sagte, damit Aufsehen erregte und so in Erinnerung blieb.

- In einem anderen Job fiel ein neuer Mitarbeiter dadurch auf, dass er als Referent am ersten Arbeitstag in Anzug mit Weste erschien und dadurch deutlich besser gekleidet war als seine sehr leger angezogenen Vorgesetzten.

Beide Männer haben bei mir, obwohl ich mich damals noch gar nicht mit Selbstmarketing und der Wirkung von Kleidung beschäftigt habe, Irritation hervorgerufen. Weder passte die farbenfrohe Jacke zu dem ansonsten biederen Mann, noch

war der Anzug mit Weste die passende Garderobe für den
neuen Mitarbeiter, der sich darin sichtlich unwohl fühlte.

Äußerlichkeiten zählen doch

Diese Beispiele zeigen, wie wichtig es ist, bei der Wahl seiner
Kleidung sein Ich-Produkt, sein Alleinstellungsmerkmal und
seine Zielgruppe im Blick zu haben. Es gibt Branchen, in
denen weiße Hemden und Jacketts ganz einfach als Arbeitskleidung erwartet werden. Prüfen Sie daher sehr genau, ob Ihr
übliches Outfit zu Ihrer Branche und Ihrem Produkt passt oder
ob Sie sich die passende Arbeitskleidung zulegen sollten.
Wenn Sie sich unsicher sind, beobachten Sie Menschen, die
ein vergleichbares Ich-Produkt anbieten – auf Messen, bei
Branchen- oder Netzwerktreffen. Sie werden schnell herausfinden, dass es in fast allen Branchen einen unausgesproche-
nen Dresscode gibt.

Authentisch bleiben

Das bedeutet nun nicht, dass Sie sich diesem Dresscode in
allem beugen und Ihre Individualität verleugnen müssen. Das
heißt eher, dass Sie viel Geschick und Kreativität bei der
Auswahl der Garderobe beweisen müssen. Auch ein dunkler
Blazer oder ein dunkles Jackett ist nicht wie das andere:
Kragen, Taschen, Knöpfe, Länge, Schnitt, Stoff unterscheiden
sich und hier können Sie Ihren Geschmack ausleben und
vielleicht sogar ein kleines Neben-Alleinstellungsmerkmal
entwickeln. Tragen Sie doch immer eine Krawatte mit Punkten
zum dunklen Jackett oder peppen Sie den dunklen Hosen-

anzug mit einem Schal in Ihrer Lieblingsfarbe oder eine schönen Brosche auf. Ihrer Fantasie sind hier keine Grenzen gesetzt.

Wie auch immer der Dresscode Ihrer Branche ist, auch bei der Kleidung gibt es heimliche Botschaften, die Sie kennen und beachten sollten:

- Lose baumelnde Knöpfe, schmutzige Schuhe oder fleckige Kleidung wirken nachlässig und widersprechen einem USP, in dem von Zuverlässigkeit, Ordnung oder Sicherheit die Rede ist.

- Lässige Kleidung, also z.B. Jeans und T-Shirt, signalisiert – leider – in manchen Branchen noch immer fehlende Kompetenz und mangelnde Sicherheit

Übung: Welche Kleidung passt zu Ihrem Ich-Produkt?

> Suchen Sie im Internet nach Fotos von Branchentreffen, Kongressen und Messen rund um Ihren Arbeitsschwerpunkt. Welche Kleidung herrscht vor? Gleichen Sie die Eindrücke mit Ihrer eigenen Garderobe ab. Gibt es etwas zu optimieren?

Auch, wenn Sie legere Kleidung tragen dürfen, sollten Sie diese einer Prüfung unterziehen. Seien Sie vorsichtig mit Aufschriften auf T-Shirts, denn deren Botschaft kann problematisch sein: politische Statements polarisieren im Zweifelsfall, während ein T-Shirt-Aufdruck, der zu Ihrem Produkt passt, Aufsehen im positiven Sinne erregen kann.

Neben der Kleidung wirken Schuhe, Schmuck und Accessoires. Durchforsten Sie Ihre Bestände und wählen Sie vor einem Gespräch mit einem Kunden oder einem Personalentscheider sehr sorgfältig aus, was zu Ihnen passt und welche Botschaft das Stück vermittelt. Ganz ehrlich, würden Sie z. B. einen Produktmanager einstellen, der mit einer protzigen Uhr zum Vorstellungsgespräch erscheint, die Sie sich selbst nicht leisten könnten?

Selbst die Farbe der Kleidung wirkt auf das Gegenüber. So werden Menschen in dunkler oder einfarbiger Kleidung eher als kompetent und seriös eingestuft als Personen in grellen Farben oder gar knallbunter Garderobe. Haben Sie den Dresscode Ihrer Branche geprüft, haben Sie schon erste Anhaltspunkte für Ihre Garderobe. Achten Sie darauf, dass die Farbigkeit zu Ihrem Produkt passt und lassen Sie sich beraten, falls Sie unsicher sind.

> Kleidung ist ein Faktor, der eine Botschaft aussendet und das Bild eines Menschen mitbestimmt. Im Gegensatz zur Augenfarbe oder Körpergröße lässt er sich beeinflussen. Leitlinie dabei ist die Nähe zu dem Ich-Produkt. Sie müssen sich in der Kleidung wohlfühlen und sie muss zu Ihrem Angebot passen.

Was uns Knigge lehrt

Die Art, wie Sie mit anderen Menschen kommunizieren, hinterlässt Spuren und schärft oder schwächt das Bild, das Ihr Gegenüber, ein möglicher Kunde oder Vorgesetzter, sich von Ihnen macht. Früher galten Tugenden wie Pünktlichkeit, Höflichkeit und Zuverlässigkeit als wichtig. Sie waren die Voraussetzungen dafür, eine Stelle zu bekommen. Heute ist das nicht mehr selbstverständlich, wenngleich solche Verhaltensweisen auch nicht schaden. Doch darum geht es hier nicht. Entscheidend ist, welche Tugenden mit einem USP und einem Arbeitsbereich assoziiert werden. Sie müssen auch so durch Kommunikation vermittelt werden.

Wer sich als zuverlässiger Partner darstellt, von dem darf ein Kunde erwarten, dass Termine eingehalten oder zumindest frühzeitig abgesagt werden, dass E-Mails beantwortet werden und Rückrufe erfolgen. Ein Dienstleister oder Bewerber, der hier nachlässig ist, hat schnell das Image aus den schriftlichen Unterlagen zerstört.

Es mag Branchen geben, in denen der Umgang mit anderen lax definiert wird, in denen man sich aus Spaß anpöbelt, E-Mails ohne Anrede und Absender verschickt, Fotos ohne Rücksprache mit den Abgebildeten im Internet veröffentlicht, vertrauliche Informationen bei Facebook postet, einen neuen Auftraggeber oder Personalentscheider duzt, sich an Gefälligkeiten erfreut, ohne sich zu bedanken ... Auch in diesen Branchen, die sicherlich die Ausnahme in der Arbeitswelt darstellen, schadet es jedoch nicht, sich grundlegender Umgangsformen zu bedienen, so z. B. Respekt vor dem anderen zu zeigen mit einem höflichen Umgangston, mit einem Danke oder einem Bitte.

Achten Sie auf die Gepflogenheiten in Ihrer beruflichen Umgebung und fragen Sie lieber einmal zu oft nach, als immer wieder in ein Fettnäpfchen zu treten. Ungeschicklichkeiten bleiben wie schlechte Nachrichten nachhaltig in Erinnerung, weil sie außergewöhnlich sind, und so sind Sie schnell auf Dauer das schwarze Schaf, das den Bürgermeister angeschnauzt oder sich vor die Vorstandsvorsitzende in den Aufzug gedrängt hat.

> Ein respektvoller Umgang mit den anderen schadet nie. Ihre Umgangsformen sollten immer zu dem passen, was Sie vermitteln möchten.

Kleinigkeiten mit großer Wirkung

Oft sind es die kleinen Dinge, die einem von einer Begegnung in Erinnerung bleiben, die ausgefallene Brille, die Farbe des Nagellacks oder die Art, wie der Gesprächspartner nachgefragt hat. Aber auch fettige Haare, Schuppen auf dem Kragen oder die verlaufene Wimperntusche können sich dem Gegenüber einprägen. Solche Kleinigkeiten bestimmen Ihr Image und den Eindruck von Ihrem Ich-Produkt mit. Dass Sie auf solche Details achten sollten, versteht sich von selbst. Nutzen Sie sie deswegen doch auch bewusst, um sich in Erinnerung zu bringen.

Beispiel

 Nina Ruge hat ihre Leute Heute-Sendungen jeweils mit einem „Alles wird gut!" beendet. Ich kann mich nicht daran erinnern, dass ich die Sendung jemals gesehen habe und dennoch weiß ich, dass dieser Satz ein Markenzeichen für sie war. Oder erinnern Sie sich an die Frisur von Sascha Lobo, an der Sie ihn sofort überall erkennen, oder an Karl Lagerfeld, der ohne Sonnenbrille und Pferdeschwanz nicht denkbar ist?

Wiedererkennen leicht gemacht

Prüfen Sie Ihre Gewohnheiten und Besonderheiten. Gibt es etwas, das zu Ihrem Alleinstellungsmerkmal passt? Tragen Sie z. B. als Kurierdienst mit dem Slogan „Auf die Minute genau" immer eine besonders auffällige Uhr am Handgelenk.

Welche Ticks und Vorlieben, die Sie bei Ihrer Analyse ausfindig gemacht haben, passen zu Ihrem Produkt? Stellen Sie diese in den Vordergrund, achten Sie darauf, dass sie wirklich immer präsent sind, sodass andere Sie irgendwann automatisch damit in Verbindung bringen.

Sie können solche Auffälligkeiten sogar in ein Logo integrieren, wenn Sie für Ihr kleines Unternehmen eines entwickeln (lassen). Das Logo sollte schnell erkennbar sein und zu Ihrem Tätigkeitsbereich passen. Ein Stift oder eine Schreibmaschine werden so eher einem Texter oder Schreibbüro zugeordnet als einem Immobilienmakler.

Ein Logo ist ein Bild oder ein Schriftzug, das ein Unternehmen oder auch eine einzelne Person und dessen Leistung symbolisch darstellen soll. Es dient der raschen Wiedererkennung und hilft überall dort, wo Sie sich nicht persönlich vorstellen können: auf den Internetseiten und Visitenkarten, in den Werbeflyern und Briefbögen.

Ob Sie Ihr Logo von einer Agentur entwickeln lassen oder sich selbst daran versuchen, bleibt Ihnen überlassen. Sie sollten jedoch wissen, dass Sie nicht einfach ein beliebiges Bild aus dem Internet nehmen und es nutzen dürfen. Falls Sie also ein Bild-Logo wünschen, sollten Sie mit fremden Bildern vorsichtig sein. Leichter ist es mit dem Schriftzug. Hier können Sie jede gängige Schrift auf Ihrem Computer nutzen oder auch Ihren Namen oder den Ihres kleinen Unternehmens mit der Hand schreiben. Entscheidend ist nachher, dass dieses Bild immer wieder im Zusammenhang mit Ihnen auftaucht, sodass jeder, der es sieht, automatisch Ihren Namen, Ihr Gesicht und Ihre Leistungen damit assoziiert. Sie erinnern sich: Das Gehirn sammelt Bilder und speichert sie mit Erklärungen ab. Sie haben das Optimum erreicht, wenn jemand Ihr Logo oder Ihren Schriftzug sieht und sofort weiß, was Sie machen.

> Kleinigkeiten werden häufig unterschätzt, dabei sind gerade sie es, die die Waage zum Ausschlag und die Welt in Bewegung bringen. Suchen Sie nach solchen Details, die zu Ihrem Arbeitsschwerpunkt passen und mit denen Sie sich in Erinnerung bringen können.

Übung: Kleinigkeiten finden, die wirken

Die Entwicklung eines Selbstmarketing-Profils ist ein längerer Prozess. Nutzen Sie die Zeit, um verstärkt darauf zu achten, welche Kleinigkeiten Ihnen an anderen Menschen positiv auffallen und welche Auffälligkeiten und Angewohnheiten Sie haben. Notieren Sie sich alle Eindrücke und werten Sie sie am Schluss aus. Entscheiden Sie für sich, ob es etwas gibt, mit dem Sie gerne Ihre Wirkung verstärken würden.

Auf einen Blick: Auf die Verpackung kommt es an

- Auch für das Produkt „Ich" ist die Verpackung wichtig.

- Sie besteht aus vielen Elementen: dem Auftreten, der Sprache, der Kleidung, dem Verhalten und vielen Kleinigkeiten. Alles zusammen ergibt ein Bild, das zum Inhalt des Ich-Produkts passen sollte.

- Für die Verpackung gibt es kein allgemeingültiges Rezept. Jeder muss für sein Produkt, seinen Arbeitsbereich und seine Zielgruppe, ob Kunde oder Personalentscheider, das passende Äußere finden.

- Am besten wirkt eine Verpackung, die authentisch ist und bei der Sie sich nicht verstellen müssen. Sie verspricht deshalb den größten Erfolg, weil Sie nicht künstlich wirken und weil sie immer und überall zum Tragen kommt, auch, wenn Sie gar nicht an neue Kunden oder einen neuen Job denken.

Positiv in Erinnerung bleiben

Ob ein Produkt erfolgreich wird, hängt davon ab, ob es bei den Kunden in Erinnerung bleibt. Das gilt auch für Ihr Produkt „Ich".

In diesem Kapitel lesen Sie,

- wie Sie sich positiv im Gedächtnis anderer verankern,
- welche Wirkung Briefbogen, Visitenkarte und Co. haben,
- wann eine Internetseite sinnvoll ist,
- wer einen Flyer besitzen sollte,
- wie Sie sich bei Kunden und Personalentscheidern optimal präsentieren.

Briefbogen und Co. als Türöffner

Da stehen Sie nun; Sie haben Ihr tolles Alleinstellungsmerkmal in einen traumhaften Kernsatz verwandelt und eine wunderschöne Übersicht Ihrer Leistungen. Sie sind innerlich und äußerlich für alte und neue Kunden, Personalabteilung und neuen Arbeitgeber gewappnet. Wenn Sie ein Akquise- oder Bewerbungsgespräch führen, können Sie so vorbereitet punkten, doch dahin müssen Sie es erst einmal schaffen. Kurzum: Sie brauchen Unterlagen, mit denen Sie Interesse wecken und die Ihre Botschaften kommunizieren, auch wenn Sie dem interessanten Kunden oder neuen Arbeitgeber (noch) nicht gegenüber sitzen.

Der Briefbogen

Auch im E-Mail-Zeitalter hat der gute alte Briefbogen noch nicht ausgedient. Selbst wenn Sie Ihre Bewerbungen per E-Mail schreiben, wirkt es doch ganz anders, wenn Ihr Bewerbungsschreiben auf einem sorgfältig gestalteten Briefbogen daher kommt, der alle Kontaktdaten und vielleicht sogar noch die wichtigsten Botschaften über Sie enthält.

Ob Sie Briefpapier drucken lassen oder ob Sie es als Formatvorlage für ein Schreiben, das per E-Mail verschickt wird, verwenden, der Aufwand für den Entwurf ist gleich. Lediglich die letzte Arbeitsstufe ist unterschiedlich:

- Für den Druck des Briefpapiers erstellen Sie eine PDF-Datei, die Sie der Druckerei senden.

- Für E-Mail-Briefe speichern Sie die Datei als Vorlage ab und rufen diese immer dann auf, wenn Sie einen Brief schreiben möchten.

- Es gibt noch eine dritte Variante, die weit verbreitet ist: Das Briefpapier wird erst bei Bedarf auf dem eigenen Farbdrucker gedruckt. Sie nutzen Ihre Vorlage-Datei, schreiben den Brief und drucken ihn dann aus.

Welcher Weg für Sie passend ist, können nur Sie entscheiden. Schreiben Sie eher selten Papier-Briefe, lohnt es sich kaum, einen Stapel Briefpapier aus der Druckerei im Regal zu lagern. Versenden Sie häufig Papier-Briefe in größeren Mengen, empfiehlt sich dagegen solches aus der Druckerei. Ausgedruckt sieht ein Brief ansprechender aus. Vergessen Sie nicht, er ist der erste Kontakt zu Ihrem neuen Kunden oder Arbeitgeber. Der Briefbogen enthält außerdem alle wichtigen Kontaktdaten und Sie können z. B. Ihre Leistungen in dem Briefbogen aufführen.

Beispiel

 In dem Brief eines Rechtsanwaltes oder Arztes steht selten nur sein Name, dort werden außerdem die Fachgebiete aufgeführt, in denen er sich auskennt.

In jedem Fall sollten Sie, wenn Sie sich einem potenziellen Kunden vorstellen oder eine Bewerbung schicken, Ihren Brief in der Vorlage schreiben, als PDF abspeichern und der E-Mail anhängen. Der Aufwand ist nur unwesentlich größer, als den gleichen Text in eine E-Mail zu schreiben.

So gestalten Sie Briefe

Grundsätzlich gibt es für einen Briefbogen keine Vorschrift, wo Name und Adresse stehen müssen. Ihrer Kreativität sind also bei der Gestaltung keine Grenzen gesetzt. Wenn Ihr Brief allerdings in einen der handelsüblichen Fensterumschläge passen soll, muss die Adresse an der richtigen Stelle stehen. Die DIN-Norm 5008 gibt Hilfestellung, wie Standardbriefe im Geschäftsverkehr gestaltet werden sollten.

Dennoch bleibt Spielraum für Kreativität. Am besten suchen Sie im Internet eine Vorlage nach DIN 5008, die auf einigen Seiten kostenfrei heruntergeladen werden kann. Möchten Sie lieber alles selbst basteln, finden Sie die Information, in welchem Abstand vom Rand sich die Adresse befinden muss, ebenfalls leicht im Internet. Sobald Sie die Vorlage haben, können Sie damit beginnen, sie mit Inhalt zu füllen. In einem Briefkopf sollten die folgenden Informationen zu finden sein:

- Name, Vorname und ggf. Titel
- Anschrift
- Telefonnummer
- E-Mail-Adresse
- Internetseite
- Ihr Logo oder Ihr Schriftzug
- Ihr Slogan
- Ihre Leistungen

> Für Gewerbetreibende und Selbstständige, die im Handelsregister einge-
> tragen sind, sind bestimmte Angaben auf Geschäftsbriefbögen Plicht, so
> z.B. die Angabe der Geschäftssitzes oder der Haftungsverhältnisse.

Nachdem klar ist, welche Informationen Ihr Briefbogen enthalten muss, können Sie mit der Gestaltung beginnen. Denken
Sie vom Leser aus. An der Platzierung des Adressfeldes für den
Empfänger gibt es wenig zu rütteln. Wenn er den Brief sieht,
prüft er als erstes, ob er auch an ihn gerichtet ist. Die Adresse
steht links, weil die Blickrichtung beim Lesen auch von links
nach rechts geht. Wenn Sie, wie es bei Geschäftsbriefen
üblich ist, Ihren Namen und Ihre Anschrift klein über das
Adressfeld schreiben, nimmt der Leser schon mal Ihren Namen
wahr.

Da der Blick nun schon von links nach rechts wandert, empfiehlt es sich, rechts gleich mal wichtige Informationen unterzubringen: Ihren Namen und eventuell auch Ihren Beruf sowie
den Namen Ihres Angebotes.

- In einem Bewerbungsbrief macht sich an der Stelle der
  Beruf gut, Beispiel: Lerntherapeutin.

- In dem Brief eines Freiberuflers, der unter seinem Namen
  agiert, steht dort natürlich der Name, eventuell ergänzt um
  die Berufsbezeichnung, Beispiel: Dr. Birgit Ebbert, Autorin.

- Haben Sie Ihrem Ich-Produkt einen speziellen Produktnamen gegeben, sollte dieser an jener Stelle platziert sein,
  Beispiel: Mediastep-Institut.

Schauen Sie die Briefbögen durch, die Sie zuletzt erhalten
haben. Die Kontaktdaten stehen meist oben rechts, niemals

links oder unten rechts. Das hat seinen Sinn, denn die Felder oben, oben rechts oder die Unterschrift werden beim oberflächlichen Durchsehen des Briefes am ehesten wahrgenommen. Rechts unten befindet sich bei Rechtshändern oft die Hand und links steht der Text des Briefes.

Entscheiden Sie, wo Sie Ihre Adresse samt Telefon, E-Mail und Internetseite platzieren möchten. Nutzen Sie den übrigen Platz für weitere Informationen, z.B. die Kopfzeile oben für Ihren Slogan oder Schriftzug, die Fußzeile für eine Reihung Ihrer Leistungen. Verfügen Sie über ein Logo, sollte auch das an auffälliger Stelle untergebracht werden. Sehen Sie am besten gleich ein Feld für das Datum vor, dann können Sie es beim Schreiben Ihres Briefes auch nicht vor lauter Elan vergessen.

Experimentieren Sie mit den Feldern. Dank Computer ist das heute leicht möglich. Speichern Sie Ihre Fassungen unter verschiedenen Versionsnamen ab und vergleichen Sie die Ausdrucke am Schluss. Bedenken Sie beim Erstellen des Briefbogens auch Ihr Alleinstellungsmerkmal. Versprechen Sie z.B. „Ordnung ins Chaos zu bringen", sollten die Informationen sehr gut strukturiert sein und Ordnung ausstrahlen.

Übung: Erstellen Sie Ihren Briefbogen

Basteln Sie sich Ihren eigenen Briefbogen, drucken Sie die verschiedenen Versionen aus und bitten Sie Freunde und Bekannte um ihre Meinung. Falten Sie Ihre Ausdrucke zwischendurch für einen Standard-Fenster-Briefumschlag. Prüfen Sie, ob Ihre Absender-Adresse und die Empfänger-Adresse zu lesen sind und nicht womöglich andere Schriften oder Bilder in das Brieffenster ragen.

Sonderfall: Rechnungen

Bei Ihrer Recherche haben Sie vermutlich festgestellt, dass für Rechnungen besondere Vorschriften gelten. Entwerfen Sie am besten gleich eine weitere Vorlage für die Rechnung, damit jeder erkennt, dass Brief, Angebot und Rechnung von Ihnen kommen und Sie auf der Rechnung wichtige Informationen wie Rechnungs- und Steuernummer, Kontoverbindung, erbrachte Leistung, Umsatzsteuer nicht vergessen.

Ein Briefbogen ist Ihr Aushängeschild bei Entscheidern, die Sie noch nie live erlebt haben. Sie sollten daher viel Zeit in eine gute Gestaltung investieren.

Die Visitenkarte

Im beruflichen Umfeld gehört eine Visitenkarte zur Standardausstattung. Von Bewerbern um einen Erstjob wird sie nicht unbedingt erwartet. Das bedeutet aber nicht, dass sie sich nicht auch eine zulegen können. Es gibt inzwischen kostengünstige Möglichkeiten, Visitenkarten zu drucken.

Eine Bemerkung nebenbei: Falls Sie einen neuen Job in einem anderen Unternehmen suchen, sollten Sie die Visitenkarten mit Ihren privaten Kontaktdaten erstellen lassen. Schließlich möchten Sie nicht, dass ein zukünftiger Arbeitgeber oder Headhunter ausgerechnet dann an Ihrem Arbeitsplatz anruft, wenn Ihr aktueller Chef neben Ihnen sitzt.

In ihren Anfangstagen diente die Visitenkarte dazu, sich in Herrschaftshäusern der Dame oder dem Herrn des Hauses anzukündigen. In Filmen sehen wir noch gelegentlich, wie ein Butler ein solches Kärtchen auf dem Silbertablett weiterreicht. So sehr hat sich die Funktion der Visitenkarte nicht geändert. Wird sie bei der ersten Begegnung übergeben, kann der Empfänger den Namen seines Gegenübers nachlesen. Durch die Berufs- oder Funktionsbezeichnung und den Firmennamen weiß er schnell, mit wem er es zu tun hat. Er kann den neuen Kontakt für sich gleich in der richtigen Gedächtnisschublade ablegen. Und da er die Visitenkarte behalten darf, ist auch sichergestellt, dass er die Kontaktdaten jederzeit griffbereit hat.

Die Basiselemente

Die Visitenkarte ist also eine Gedächtnishilfe im Umgang mit anderen Menschen. Entsprechend sollte sie gestaltet werden. Als Mindestinformationen auf der Karte gelten

- Vorname, Name und ggf. Titel
- Berufs- und/oder Funktionsbezeichnung (die bei Führungskräften in der obersten Ebene oder Menschen, die davon

ausgehen können, dass ihr Name bekannt ist, auch schon
mal entfallen)

- Adresse
- Telefonnummer
- E-Mail-Adresse

Diese Informationen sollte auch die Visitenkarte eines Berufs-
anfängers enthalten.

Verfügen Sie über eine Internetseite, sollten Sie die Adresse
ebenfalls aufnehmen. So weiß Ihr neuer Kontakt gleich, wo er
weitere Informationen über Sie findet.

Ein Tipp für Jobsucher: Verzichten Sie auf die Angabe zur
Internetseite, wenn Sie dort nur private Informationen veröffentlichen. Denken Sie über eine Seite mit einem beruflichen Profil nach.

Zusätzliche Elemente

Falls Sie sich für ein Logo oder einen Schriftzug entschieden
haben, die überall wiederkehren, sollten diese auch auf der
Visitenkarte erscheinen. Damit erreichen Sie, dass Ihre Unterlagen gedanklich schneller zusammengeführt werden.

Haben Sie einen kurzen, einprägsamen Slogan gefunden, darf
auch dieser Platz auf Ihrer Visitenkarte finden.

Je nach Ausstattung schaffen es sogar Ihre Leistungen auf die
Karte ? auf der Rückseite oder im Innenteil, wenn Sie sich für
eine Doppelkarte entschieden haben.

Ausstattung

Die Ausstattung Ihrer Visitenkarte hängt von Ihrem Budget ab und von dem, was Sie kommunizieren möchten und müssen.

- Ergibt sich schon aus Ihrer Berufsbezeichnung oder Ihrem Firmennamen, was Sie tun, wie z. B. Friseurmeisterin oder Buchhaltungsbüro, reicht eine einseitig bedruckte Visitenkarte mit den Basisinformationen.

- Ist Ihre Leistung schwer verständlich, kann eine Visitenkarte mit bedruckter Vorder- und Rückseite sinnvoll sein.

- Möchten Sie Ihre Visitenkarte zugleich als Informationsflyer verwenden, sollten Sie auf eine Klappkarte zurückgreifen.

Beispiel

 Eileen Gründer setzt für ihre Buchbinderei eine hochformatige Doppelkarte ein, die wie ein Buch wirkt. Auf der Vorderseite steht nur der Titel des Unternehmens, auf der Rückseite finden sich die Kontaktdaten, im Innenteil werden die Leistungen beschrieben.

Bei der Farbgebung einer Visitenkarte ist wichtig darauf zu achten, dass sie zur Leistung passt. Für ein Büro, das Buchhaltung anbietet, ist eine einfarbige, helle Visitenkarte, die seriös wirkt, eher passend als eine knallbunte Karte mit Bildern, die eine Pop-Art-Künstlerin wählen würde.

Sicher haben Sie noch irgendwo Visitenkarten, die Ihnen Bekannte oder Geschäftskontakte überreicht haben. Schauen Sie sich diese an und prüfen Sie, welche Gestaltung Ihnen am besten gefällt und zu Ihrem Ich-Produkt passt. Damit haben

Sie eine Grundlage, eine Agentur zu beauftragen oder die Karte selbst zu erstellen.

Übung: Entwurf von Visitenkarten

Entwerfen Sie zunächst handschriftlich auf einem Blatt Papier Ihre Visitenkarte und spielen Sie mit den Elementen. Wenn Sie fit am Computer sind, können Sie das natürlich auch dort probieren und die verschiedenen Stufen abspeichern. Alternative können Sie eine Vorlage von Online-Visitenkarten-Druckereien nutzen. Allerdings müssen Sie damit rechnen, dass diese nicht so individuell ist und bei einer Visitenkartenparty gleiche Motive nebeneinanderliegen.

Sie lassen die Visitenkarten nicht als Briefbeschwerer oder Staubfänger drucken! Sie wollen damit neue Kontakte gewinnen, die Ihnen zu Aufträgen oder neuen Jobs verhelfen. Das sollten Sie bei der Auflage berücksichtigen und die Karten stets bei sich haben. Man weiß nie, wer einem in der Warteschlange oder bei der Geburtstagsfeier des Schwagers begegnet.

Der Briefumschlag

Ob ein Briefumschlag für die Kommunikation von Inhalten genutzt werden sollte oder darf, daran scheiden sich die Geister. Manche drucken ihren Slogan oder eine Werbebotschaft auf den Umschlag, andere belassen es bei einem Hinweis auf die Leistungen im Freistempler. Nun gut, einen Freistempler setzen vor allem große Unternehmen ein. Diese

Möglichkeit fällt für Sie also vermutlich weg. Es bleibt das Bedrucken eines Briefumschlags, das mit den modernen Druckern leicht möglich ist. Die Frage ist: Wie wirkt ein solcher Umschlag? Einerseits erregt ein Logo oder ein Slogan auf dem Umschlag die Aufmerksamkeit. Andererseits assoziieren Empfänger damit häufig: „Das ist ein Werbebrief!" und öffnen den Brief womöglich gar nicht erst.

Entscheiden Sie für sich, was sinnvoll ist. Oder werden Sie kreativ und gehen Sie ausgefallene Wege, damit sich Ihr Briefumschlag von den anderen abhebt:

- Wählen Sie farbige Umschläge statt der weißen.
- Drucken Sie Ihren Brief auf farbiges Papier, sodass der Hintergrund im Brieffenster heraussticht.
- Kleben Sie einen Aufkleber auf Ihren Brief, der zu Ihrem Angebot passt oder gestalten Sie im Portal der Deutschen Post Ihre eigenen Briefmarken.
- Nutzen Sie Umschläge ohne Fenster und schreiben Sie die Adresse in schöner Schrift mit der Hand.

Dabei sollten Sie allerdings beachten, dass das Adressfeld nicht beeinträchtigt wird und die Anschrift gut lesbar ist, sonst wirft die Sortiermaschine der Post Ihren Brief als nicht lesbar aus. Dann liegt er womöglich erst einmal auf dem Stapel, der per Hand zugeordnet werden muss.

Auch für Ihre Briefumschläge gilt: Sie sollten zu Ihnen und Ihrem Angebot passen. Auf eine Bewerbung als Unternehmensberater passt kein grinsendes Smiley, während das bei einem Motivationscoach schon eher positive Aufmerksamkeit erzeugen kann. Und wer für Ordnung stehen will, sollte nicht gerade mit zerknitterten, verschmutzten Umschlägen für sich werben.

Hier ein Tipp für Jobsucher: Manche Unternehmen betrachten bewusst auch die Umschläge, in denen die Bewerbungen eingehen. Tragen die Umschläge den Freistempler des aktuellen Unternehmens, kann der Eindruck haften bleiben, dass der Bewerber gerne auf Kosten seines Arbeitgebers agiert. Der Freistempler der Agentur für Arbeit signalisiert sofort, dass jemand arbeitslos ist. Also im Zweifel immer lieber Briefmarken kleben.

> Der Briefumschlag ist die Verpackung eines Schreibens und wirkt! Es lohnt sich, genau über die Wahl des Materials, die Gestaltung und die versteckten Absenderbotschaften nachzudenken und diese dem Markenkern anzupassen.

Die E-Mail-Signatur als virtuelle Visitenkarte

Die E-Mail hat in vielen Bereichen das Telefonat und den klassischen Brief abgelöst. Und dennoch nutzen viele die E-Mail wie das Telefon. Sie schreiben gerade mal ihren Namen unter die Botschaft und verzichten auf eine wichtige Chance, die der klassische Briefbogen bietet: die wichtigsten Kontaktdaten und eine Information über sich zu vermitteln.

Die E-Mail-Adresse

Ganz ehrlich, würden Sie einen Brief öffnen, auf dem als Absender nur „Waldhexe" steht? Und was würden Sie von dem Brief erwarten? Eine berufliche Information wie das Angebot eines Dienstleisters oder gar eine Bewerbung? Eher nicht. Und dennoch nutzen viele Menschen solche oder ähnlich fantasievolle E-Mail-Adressen auch in ihrem beruflichen Umfeld. Damit wird eine Gelegenheit vertan, sich mit seinem Namen und Angebot in Erinnerung zu bringen. Legen Sie sich daher in jedem Fall mindestens eine E-Mail-Adresse mit Ihrem Namen oder dem Namen Ihres kleinen Unternehmens zu.

Bei den meisten E-Mail-Programmen kann über die Adresse hinaus festgelegt werden, was der Empfänger im Absenderfeld liest. Nutzen Sie diese Möglichkeit, Ihren Namen zu kommunizieren. Schreiben Sie Ihren Namen und Ihren Firmennamen oder Ihre Berufsbezeichnung, wie z. B. „Dr. Birgit Ebbert – Die Lernbegleiter" oder „Autorin Dr. Birgit Ebbert".

Die E-Mail-Signatur

Nutzen Sie für Ihr Marketing auch die E-Mail-Signatur. Sie ist Briefkopf und Fußzeile eines Briefbogens in einem. Daher sollten dort auch die vergleichbaren Informationen zu finden sein. Auch hier gibt es für Selbstständige übrigens gesetzliche Pflichtinformationen, die den Vorgaben für einen Briefbogen entsprechen.

Darüber hinaus haben Sie Spielraum und können hier

- Ihren Slogan und Ihre Leistungen
- all Ihre Internetseiten

- Informationen über aktuelle Projekte
- eine Grußformel

unterbringen.

Das gilt gleichermaßen für Selbstständige und Stellenbewerber. In Ihrer Signatur können Sie deutlich machen, welchen Beruf Sie haben und ganz nebenbei vermitteln, dass Sie sich ehrenamtlich im Sportverein oder in der Kirchengemeinde engagieren. Aber Vorsicht: Erwähnen Sie nur Engagements, die zu Ihnen und Ihren potenziellen neuen Arbeitgebern passen.

Beispiel

 Ihr Engagement für einen leichteren Zugang zum Schwangerschaftsabbruch könnte dazu führen, dass Sie gar nicht erst zum Vorstellungsgespräch in einer Einrichtung der katholischen Kirche eingeladen werden.

Je nach Mail-Programm können Sie einstellen, ob Sie die E-Mail-Signatur nur bei eigenen Mails oder auch bei Antworten anfügen. Kommunizieren Sie vorwiegend mit neuen Kontakten und beruflich, empfiehlt sich die Voreinstellung, dass die Signatur automatisch an alle E-Mails gehängt wird.

Eine E-Mail ist nichts anderes als ein elektronischer Brief. Dieses Selbstmarketing-Instrument sollte dementsprechend die gleichen Informationen enthalten wie ein Briefbogen.

Mit einer stimmigen Internetseite punkten

Das Internet bietet viele Vorteile.

- War es früher nötig, Branchenbücher zu wälzen, um Wettbewerber zu finden, reichen heute wenige Stichworte in der Suchmaschine.
- Die Suche nach interessanten Stellen ist dank vieler Jobbörsen einfacher geworden.
- In Auftragsbörsen finden Freiberufler und Selbstständige neue Kunden.
- Die Hintergrundrecherche über potenzielle Kunden und Arbeitgeber, aber auch Dienstleister und Bewerber ist leichter geworden.

Aber wie das so ist, es gibt immer zwei Seiten. Nur in wenigen Bereichen ist es möglich, die Chancen des World Wide Web zu nutzen und sich dabei selbst aus dem Internet herauszuhalten. In vielen Branchen ist eine Internetseite heute so selbstverständlich wie eine Telefonnummer.

Sicher gibt es hier einen großen Unterschied zwischen Selbstständigen und Jobsuchenden. Während Kunden von Selbstständigen häufig erwarten, dass sie im Internet zu finden sind, setzen das nur sehr wenige Unternehmen bei ihren Bewerbern voraus. Dennoch lohnt sich auch als Jobsuchender ein Blick auf die Vorteile einer eigenen Internetseite.

Gründe für eine eigene Internetseite

Grund 1: Das Internet ist das Recherche-Medium

Mit einer eigenen Internetseite bestimmen Sie, was im Internet über Sie gefunden wird. Natürlich können Sie nicht das Ergebnis einer Suchmaschine zu Ihrem Namen vollends beeinflussen. Wenn Sie jedoch eine Internetseite mit Ihrem Namen besitzen, taucht diese bei der Namenssuche meist als erste auf. Auch Personalentscheider stöbern heute oft im Internet nach Informationen über den Bewerber. Wenn Sie Ihre Internetseite bekanntgeben, beginnt Ihr künftiger Arbeitgeber eher dort mit seiner Recherche und ist dann vielleicht so beeindruckt, dass er gar nicht weiter forscht.

Grund 2: Eine Internetseite ist eine Art Flyer, der immer und überall zugänglich ist

Wer Sie empfehlen möchte, muss nur Ihre Internetseite weitergeben und schon kann sich der mögliche neue Kunde oder Arbeitgeber über Sie informieren. Bis ein Flyer über den Postweg bei dem Gesprächspartner Ihrer Kontakte landet, hat dieser sich womöglich längst anders entschieden.

Grund 3: Das Internet ist ein großes Branchenbuch

Das Internet wird nicht nur zur Recherche über jemanden genutzt, sondern auch als Suchhilfe, wenn ein Bedarf für ein Produkt oder eine bestimmte Dienstleistung besteht. Wer hier nicht vertreten ist, läuft Gefahr, aufs Abstellgleis zu geraten.

Eine Internetseite ist ein Recherche- und Akquisemedium für fast alle Branchen. Wenn das in Ihrer Branche noch nicht so sein sollte: Vielleicht werden Sie der Vorreiter?

Was Sie für die Seite brauchen

Viele Wege führen zu einer eigenen Internetseite. Der bequemste, aber auch kostenintensivste ist der Auftrag an eine Webagentur, die sich auch um die Anmeldung der Internetadresse (Domain) und die Pflege der Seiten kümmert. Inzwischen bieten aber viele Internetprovider sehr günstig eine Internetadresse, Speicherplatz und einen Baukasten für Internetseiten an. Falls Sie im Umgang mit dem Computer nicht gänzlich unbegabt sind, können Sie die Seite selbst erstellen. Das ist kostengünstiger, allerdings zeitintensiver.

Gerade für Existenzgründer in Branchen, bei denen die Internetseite (noch) nicht so bedeutsam für die Kundengewinnung ist, oder für Bewerber ist es üblich, die Seiten selbst zu erstellen. Scheuen Sie sich nicht, es einfach auszuprobieren. Fragen Sie in Ihrem Bekanntenkreis nach. Sicher gibt es jemanden, der Ihnen bei der Erstellung behilflich sein kann.

Neben den Internetseiten über Provider, welche die Domain im Kundenauftrag reservieren, gibt es über kostenfreie Blogsoftware die Möglichkeit, eigene Seiten zu gestalten. Diese Variante ist günstig und schnell zu realisieren. Eine eigene Domain kann auf die Blogseite umgeleitet werden.

Beispiel

 Ich möchte für meine Bücher meist spezielle Internetseiten anbieten. Es ist mir aber zu aufwendig und zu teuer, diese von einer Agentur erstellen zu lassen. Daher greife ich auf einen Bloganbieter zurück und erstelle dort eine Internetseite. Falls ich passende Domains zu dem Buch oder Projekt habe, leite ich diese auf die Blog-Adresse um, z. B. www.buecherverbrennung.de oder www.elterntipps.de.

Übung: Suchen Sie Verbündete für Ihre Internetseite

Erkundigen Sie sich in Ihrem Freundes- und Bekanntenkreis, wer seine Internetseite wo angemeldet und wie erstellt hat. Recherchieren Sie im Internet Provider, bei denen man eine Internetadresse anmelden und eigene Webseiten erstellen kann.

Eine Internetseite muss nicht teuer sein; es gibt viele Möglichkeiten, sich selbst eine Seite zu erstellen, die in den Suchmaschinen gefunden wird und als digitales Aushängeschild dient.

Ihre Internetadresse

Das A und O eines Auftritts im World Wide Web ist die Internetadresse, auch Domain genannt. Sie sollte leicht aussprechbar sein, falls sie in einem Telefongespräch kommuniziert werden muss, sie sollte einfach sein und gleichzeitig so gut wie möglich zum Angebot passen.

Heute wird es immer schwieriger die Traum-Domain zu finden, weil die Auswahl begrenzter ist als noch vor 15 Jahren.

Da ist oftmals Kreativität gefragt. Denken Sie bei der Wahl Ihrer Internetadresse immer auch vom Kunden aus. So ist es z.B. seit einiger Zeit auch möglich, Adressen mit Umlauten und einem „ß" anzumelden. Der Haken daran: Die meisten Internetnutzer sind es noch gewohnt, statt einem ö ein oe, ein ae für ein ä und ein ue für ü zu schreiben und statt des „ß" ein „ss" einzufügen. Taucht in Ihrem Namen also ein Umlaut auf, besteht die Gefahr, dass Ihr potenzieller Kunde oder Arbeitgeber auf der falschen Seite landet.

Beispiel

Ich habe für ein Projekt die Internetadresse „www.geschichten-nach-maß.de" reserviert und mich unbändig gefreut, dass sie noch frei war. Allerdings musste ich dann feststellen, dass sie von manchen Browsern gar nicht als Internetadresse erkannt wurde. Inzwischen funktioniert sie – meistens, aber ich habe sicherheitshalber doch noch die alte Version mit dem „ss" bestellt.

So wie „www.geschichten-nach-mass.de" für die Internetseite zu meinem Projekt, kann es für Sie sinnvoll sein, Ihren Slogan oder Ihre Kernleistung als Internetadresse zu wählen. Da alle gängigen Berufe und Branchenbezeichnungen bereits seit langem vergeben sind, müssen Sie unter Umständen Ihren Namen oder Ihren Wohn-/Arbeitsort anhängen.

Auch unabhängig von Umlauten und „ß" gibt es kleine Hürden bei der Domain, wenn Ihr Name nicht lautgetreu geschrieben wird. Ein „ie" und „äu/eu" ist ebenso ein Hindernis wie ein „h" oder ein „c", das nicht gesprochen wird, wie in „Fahne" oder „Coesfeld".

Wenn Sie noch keine Internetadresse haben oder eine Domain, die man kaum aussprechen oder schreiben kann, experimentieren Sie mit Ihrem Namen, Ihrem Slogan, Ihrer Branche und Ihrem Ortsnamen, bis Sie eine Bezeichnung gefunden haben, die zu Ihnen passt und die meisten schreiben können.

Übung: Entwickeln Sie verschiedene Internetadressen für sich

Nehmen Sie sich Zeit für ein Brainstorming mit sich oder Freunden. Schreiben Sie die Begriffe, die Ihnen wichtig sind, einzeln auf Zettel und schieben Sie sie solange hin und her, bis Sie Internetadressen haben, die Ihnen zusagen. Rufen Sie nun Freunde an und geben Sie ihnen die Adresse durch. Daran, wie häufig sie nach der Schreibweise fragen und wie lange es dauert, bis der Name endlich notiert ist, merken Sie, ob die Adresse für Ihr Business taugt oder nicht. Unter www.denic.de oder auf den Webseiten von Internetprovidern kann man schnell überprüfen, ob die Wunschdomain bereits vergeben ist oder nicht.

Der Aufbau

Wie Sie Ihre Internetseite gestalten, ist Geschmacksache. Das sehen Sie schon daran, wie unterschiedlich die Internetseiten, die Ihnen im Alltag begegnen, sind. Da wird schnell deutlich, dass es Moden gibt, denen gerade die Webagenturen folgen. Wichtiger als solche Trends nachzuahmen ist, die Internetseite so aufzubauen, dass ein Interessent sich schnell zurechtfindet und die Informationen, die er haben möchte, nicht ewig sucht.

Die Navigation

Als Faustregel gilt, dass die Information spätestens nach dem zweiten Klick bzw. auf der dritten Seite gefunden sein muss. Das macht deutlich, warum Internetseiten oben oder an der Seite eine Leiste besitzen, über die Unterseiten mit einem Klick erreicht werden können.

Beispiel

 Die Seite eines Immobilienmaklers ist gut gemacht, wenn ein Klick auf den Button „Verkauf" gleich zu den aktuellen Angeboten führt.

Die Menü- oder Navigationspunkte bilden quasi die oberste Ebene des Inhaltsverzeichnisses Ihrer Homepage. Wenn Sie Ihre Internetseite neu erstellen, klären Sie anfangs am besten gleich, wie das Inhaltsverzeichnis Ihrer Seite aussehen sollte. Achten Sie darauf, dass Sie nicht zu kleinschrittig werden. Die Navigation sollte übersichtlich bleiben und höchstens zehn Punkte enthalten.

Wie Sie diese Navigationspunkte bezeichnen, liegt in Ihrer Hand. Je kürzer die Formulierungen sind, umso übersichtlicher wird die Navigation.

Ohne geht es nicht: das Impressum

Vergessen Sie bei Ihrer Sammlung auf keinen Fall den Punkt Impressum und/oder Kontakt. Für geschäftliche Seiten gilt nach dem Gesetz eine Impressumspflicht. Hier müssen die gleichen Informationen enthalten sein wie in der Signatur und im Briefbogen. Und natürlich soll Ihr potenzieller Kunde und Arbeitgeber mit Ihnen Kontakt aufnehmen können, nachdem er auf Ihrer Seite war. Die beiden Menüpunkte müssen nicht getrennt sein.

Das Impressum braucht nicht zwingend einen eigenen Menüpunkt in der Navigation. Entscheidend ist, dass es von allen Seiten erreichbar ist. Der Link zur Impressumsseite oder auch die Pflichtangaben selbst können ebenso gut in der Fußzeile oder in einem Kästchen unter der Navigation stehen.

Das Aktualisierungsdatum

Eine Information, die viele vergessen, ist die Angabe, wann die Seite erstellt wurde. Während einige Seiten völlig darauf verzichten und Rechercheure an den Rand des Wahnsinns treiben, weil sie nicht wissen, was sie in ihre Quellenliste schreiben sollen, nehmen andere es ganz genau und tragen noch jeden Zeitpunkt der Aktualisierung ein. Irgendwo in der Mitte liegt die Lösung. Auf vielen Seiten findet sich inzwischen einfach der Vermerk „© 2012 – 2014". So ist klar: Die Seite ist 2012 erstellt worden, aber weiterhin aktuell.

Wie alle Ihre Marketinginstrumente, sollte natürlich auch Ihre Internetseite auf Ihren Arbeitsschwerpunkt und USP abgestimmt sein.

Übung: Entwerfen Sie eine Struktur Ihrer Internetseite

Nehmen Sie ein rechteckiges Blatt Papier. Stellen Sie sich vor, das wäre Ihr Internetseite. Zeichnen Sie ein, wo Ihr Logo stehen könnte, welche Navigationspunkte Ihnen wichtig sind und wie Sie sich die Seite vorstellen. Falls Ihnen Ideen fehlen, klicken Sie sich durch andere Seiten aus Ihrer Branche und lassen Sie sich inspirieren.

Die Gestaltung

Wenn Sie die Gestaltung Ihrer Seite selbst in die Hand nehmen, schauen Sie sich die Musterlayouts der Blogsoftware bzw. im Baukasten Ihres Providers genau an. Welches Layout passt farblich zu den Dingen, mit denen Sie täglich zu tun haben? Oder zu Ihrem Logo? Welcher Hintergrund spiegelt Ihren Arbeitsalltag wider? Je treffender die Vorlage ist, die Sie finden, umso weniger müssen Sie sich in die Änderungsmöglichkeiten einarbeiten.

Wenn Sie Glück haben und eine passende Vorlage finden, beschränkt sich Ihre Aufgabe darin, die Navigationspunkte und die entsprechenden Seiteninhalte zu erstellen. Bei der Eingabe Ihrer Texte sollten Sie beachten, dass sie für andere Menschen leicht lesbar sind:

- Die Schrift sollte weder zu groß noch zu klein sein; bei den meisten Seiten ist die Schriftgröße ungefähr bei 10 Punkt.

- Vor allem aber sollte die Schrift einheitlich sein und es sollten nicht mehr als drei verschiedene Schriftgrößen verwendet werden. Sonst wirkt die Seite so unübersichtlich, dass viele gar nicht weiterlesen.

- Bilder sind schön und lockern die Seite auf, aber auch sie sollten sparsam und passend zum Inhalt eingesetzt werden.

Damit Ihre potenziellen Kunden Sie schnell kontaktieren können, empfiehlt sich, Ihre Telefonnummer und/oder E-Mail-Adresse in die Fußzeile zu schreiben. Ein kleiner Kundenservice, der große Wirkung haben kann.

> Die Gestaltung Ihrer Internetseite sollte zu Ihnen, Ihrem Produkt und Ihren sonstigen Unterlagen passen und so leserfreundlich wie eben möglich sein.

Die Inhalte

Eine Internetseite ist eine Präsentation im World Wide Web. Ihre Inhalte unterscheiden sich daher nicht von denen im Flyer oder in einer Präsentationsmappe. Dennoch können die Texte aus einem Flyer nicht so ohne Weiteres übernommen werden.

Wenig ist genug

Während Interessenten sich bei einem Flyer etwas mehr Zeit nehmen, um ihn in Ruhe auf sich wirken zu lassen und den Text zu verstehen, wollen die Internetnutzer schnelle Informationen. Beginnen sie sich zu langweilen, klicken sie einfach weiter. Die durchschnittliche Verweildauer für eine Internetseite wird bei 40 Sekunden vermutet. Stoppen Sie einmal, wie viel Sie in dieser Zeit lesen können.

Beschränken Sie sich daher auf die wesentlichen Informationen. Wenn Sie mehr erklären möchten, verschieben Sie es auf den unteren Teil der Seite. Wer Interesse hat, kann weiterlesen; wer nur die wichtigsten Leistungsmerkmale wissen möchte, findet sie im oberen Teil. Teilen Sie Ihre Inhalte also in wichtige Basics und ergänzende Informationen auf.

Visualisieren Sie Ihr Produkt

Suchen Sie nach Möglichkeiten, wie Sie Ihr Produkt erlebbar machen können, mit Fotos, einer Fotostrecke, Statements von Teilnehmern – vielleicht sogar als Videoclip, Auszüge aus Präsentationen. Wie das aussehen kann, hängt von Ihrem Produkt ab. Lassen Sie sich nicht unterkriegen, wenn Ihnen nichts einfällt. Denken Sie gemeinsam mit Freunden oder Kollegen nach, dabei entstehen oft die interessantesten Ideen.

> Die Inhalte einer Internetseite sind identisch mit den Inhalten aller Werbemedien und Präsentationsunterlagen. Sie müssen jedoch anders aufbereitet werden, weil der Leser sich weniger Zeit nimmt und viel schneller als beim Lesen eines Flyers eine neue Lektüre findet.

Die Seitentitel und Suchbegriffe

Es gibt verschiedene Wege, wie Internetseiten gefunden werden. Der direkteste ist die Eingabe der Internetadresse, die Sie jedem mitteilen sollten, mit dem Sie in Kontakt kommen. Ein anderer ist die Suche in Suchmaschinen. Nun bekommen Suchmaschinen bei der Suche nach Begriffen in der Regel eine unüberschaubare Anzahl von Ergebnissen und müssen diese sortieren. Jede Suchmaschine hat ihr eigenes Suchprinzip. Eines haben alle gemeinsam: Sie achten auf die Suchbegriffe, die in den sog. Metatags hinterlegt wurden. Metatags sind Informationen über die Internetseite, die nicht auf der Seite sichtbar sind. Um die Metatags einer Seite zu finden, klicken Sie mit der rechten Maustaste auf einen Text mitten auf einer Internetseite. Im sich öffnenden Menü erscheint u.a. der Punkt „Seitenquelltext" bzw. „Quellcode anzeigen". Wenn Sie diesen anklicken, wird Ihnen der Programmiercode der Seite angezeigt. Ganz oben gibt es darin mehrere Zeilen, in denen „meta" steht.

Unter den „keywords" finden sich die relevanten Stichworte für die Seite, die die Suchmaschinen neben dem Text auf der Internetseite auswerten.

Übung: Bestimmen Sie Ihre Keywords

Gehen Sie Ihre Leistungen durch und sammeln Sie Stichworte, nach denen Menschen Sie suchen könnten und vor allem finden sollten. Denken Sie dabei auch an Synonyme.

Ein Tipp für all jene, die von Suchmaschinen gefunden werden möchten: Achten Sie darauf, dass in Ihren Texten Ihre Arbeitsschwerpunkte erwähnt werden!

Beispiel

 Als ich die Seite für Die Lernbegleiter erstellt habe, habe ich versucht, möglichst dicht an meinem inhaltlichen Konzept zu bleiben. Da mir die Bezeichnung „Nachhilfe" nie gefallen hat,

habe ich stattdessen „Lernbegleitung" geschrieben – und mich
gewundert, warum die Suchmaschinen die Seiten nicht fanden.
Nachdem ich dann doch „Nachhilfe" eingefügt hatte, wurde
plötzlich die Seite gut gefunden.

Wie Sie diese Meta-Informationen (Meta-Tags) in Ihre Seite
einbinden, hängt davon ab, wie Sie Ihre Internetseite gestaltet
haben. Bei den Anbietern von Do-it-yourself-Homepages gibt
es in der Regel eine Möglichkeit, diese Meta-Tags selbst
einzupflegen. Wenn Sie Ihre Seite extern programmieren
lassen, wird Ihr Programmierer diese Informationen ohnehin
einbauen. Falls Sie nicht weiterkommen, reicht eine Recherche in der Suchmaschine nach dem Programm, mit dem Sie
Ihre Seite erstellen, und dem Suchwort „Metatags" und Sie
finden Hinweise, wie es geht.

Mit einem Flyer Aufmerksamkeit erzeugen

Um Wunschkunden und Traumarbeitgeber zu finden, reicht es
in manchen Branchen aus, durch die Welt zu spazieren und
Visitenkarten zu verteilen oder auf einen Besucher der Internetseite zu warten. Um sich auf Messen, an Infoständen oder
bei Netzwerktreffen vorzustellen, ist dagegen ein spezielles
Medium sinnvoll. Für Jobsuchende ist das – relativ – einfach,
da ist das Medium ein Bewerbungsschreiben. Selbstständige
kommen selten ohne ein weiteres zusätzliches Werbemittel
wie einen Flyer oder eine Präsentationsbroschüre aus.

Broschüre, Faltblatt oder Handzettel?

Flyer steht in diesem Kapitel für all jene Werbemittel, die mehr als eine kurze Aufzählung der Leistungen und des Slogans enthalten. Wie ein solches Mittel aussehen kann, hängt von Ihrer Branche, Ihrem Alleinstellungsmerkmal, Ihrem Arbeitsschwerpunkt und natürlich von Ihrem Budget ab. Denkbar sind:

- ein ein- oder beidseitig bedrucktes Blatt im Format DIN A5 oder A6 als Handzettel, der auch Flugblatt, also Flyer, genannt wird (dazu später im Kapitel „Ihr Know-how in Szene gesetzt" noch mehr)

- ein ein- oder zweimal gefaltetes Blatt im Format DIN A6, A5 oder DIN lang als Faltblatt (Folder)

- ein kleines Heftchen im Format DIN A6 oder DIN lang als Faltprospekt (auch Broschüre)

- eine meist geheftetes Din A5- oder Din A4-Broschüre als Imagebroschüre

Sie sehen, schon bei den Bezeichnungen geht es ein wenig drunter und drüber. Am besten sammeln Sie Informationsmittel anderer Unternehmen und wählen aus, was am besten zu Ihrem Produkt passt. Dabei sollten Sie auch Ihre Zielgruppe im Auge behalten. Richtet sich Ihr Produkt an Topmanager, wird ein Handzettel kaum Aufmerksamkeit erzeugen, weil auf deren Schreibtischen viele Hochglanzbroschüren landen.

Wenn Sie nicht die Zeit haben, Werbemittel zu sammeln, schauen Sie sich im Internet um, auch bei den Online-Druckereien. Deren Produktpalette vermittelt einen guten Eindruck von den Möglichkeiten und zeigt Ihnen auch gleich, mit welchen Kosten Sie rechnen müssen.

Der sinnvolle Einsatz eines Flyers

Briefbogen und Visitenkarte können schon aus Platzgründen nur einen kleinen Teil Ihres Angebotes vermitteln. In jenen Branchen, in denen das Ich-Produkt verständlich und eindeutig ist, reichen diese Werbemittel meist aus. Jemand, der einen Gas- und Wasserinstallateur benötigt, interessiert sich weniger dafür, was dieser sonst noch bietet, sondern wann er einen Termin bekommen kann. Wenn jener Installateurbetrieb dann noch der einzige vor Ort und seit Jahren dort angesiedelt ist, weiß jeder, wen er anrufen muss, falls er Bedarf in dem Bereich hat.

Das heißt nicht zwangsläufig, dass ein Flyer für einen Handwerksbetrieb sinnlos ist. Die Werbebotschaft richtet sich schließlich nicht an die Kunden, die bereits Aufträge erteilt haben, sondern an jene, die gewonnen werden sollen,

- auf Messen und Verbraucherschauen
- bei Netzwerktreffen
- durch Auslage des Flyers in zielgruppenrelevanten Bereichen oder
- durch seine Versendung als Werbebrief

Wenn Sie über diese Wege neue Kunden finden möchten, ist ein Flyer oder ein anderes Werbemittel, das Ihr Ich-Produkt ausführlicher präsentiert, sinnvoll.

Übung: Prüfen Sie, ob ein Flyer sinnvoll ist

Gehen Sie in Gedanken mögliche Wege durch, Kunden zu gewinnen. Denken Sie dabei auch daran, wie sich Ihre Wettbewerber präsentieren und listen Sie die Argumente für und gegen einen Flyer auf.

Die Inhalte

Ihrer Kreativität sind weder bei Format und Umfang noch bei den Inhalten Grenzen gesetzt. Allerdings sollten Sie bedenken, wo Sie den Flyer einsetzen und wie viel Zeit Ihre potenziellen Kunden in die Lektüre investieren werden. Grundsätzlich gilt: Weniger ist mehr. Eine Broschüre von 24 oder 32 Seiten wirkt zwar hochwertig, kann aber auch dazu führen, dass auf der Messe niemand wagt, das Material einzustecken.

Die Informationen, die Sie in Ihrem Flyer präsentieren, beruhen auf Ihren Leistungen. Sie und Ihr Ich-Produkt werden hier ausführlich vorgestellt. Am besten geschieht das mit Wort und Bild, denn auch für ein Werbemittel gilt: Ein Bild sagt mehr als tausend Worte.

Die Inhalte eines Flyers sind nichts Neues, sondern ausführliche Beschreibungen des Alleinstellungsmerkmals und der Leistungen.

Die Gestaltung

Ehe Sie selbst mit der Gestaltung Ihres Flyers beginnen, sollten Sie

- prüfen, ob die Infobroschüren Ihrer Wettbewerber hausgemacht oder von Profis gestaltet wirken; die Profiversion erkennen Sie oft schon am wertigen Material des Flyers, an der harmonisch wirkenden Text- und Bildaufteilung und Kleinigkeiten wie der immer gleichen Randbreite auf den Seiten,

- darüber nachdenken, ob zu Ihrem Alleinstellungsmerkmal eher ein selbst am PC erstelltes Werbemittel passt oder eines, das eine Agentur erstellt; hier gilt als Faustregel: je höher Ihre Honorare sind, umso professioneller sollte Ihr Werbemittel wirken,

- entscheiden, ob Sie sich die Gestaltung eines solchen Flyers zutrauen, damit Sie nicht nach einer Woche vergeblicher Tüftelei frustriert eine Agentur suchen müssen; das kostet Nerven und Zeit.

Zum Design des Flyers gibt es einiges zu beachten. Nicht umsonst gibt es in Agenturen und Unternehmen ausgebildete Kräfte dafür.

- Schriften und Farben sollten gezielt, zum Logo und/oder Ich-Produkt passend, und durchgehend eingesetzt werden. Mit unterschiedlichen Schriften als Stilmittel sollte nur jemand arbeiten, der das Handwerk beherrscht. Andere tun gut daran, bei einer Schriftart zu bleiben und neben der Größe des Fließtextes für die Überschrift durchgehend ein oder zwei weitere Schriftgrößen festzulegen.

- Auf der Titelseite sollten nur Ihr (Unternehmens-)Name, ein Logo und Ihr Slogan stehen. Allenfalls kann dort noch eine Kontaktmöglichkeit untergebracht werden.

- Auf der Rückseite sollten alle Kontaktdaten und eine Übersicht Ihrer Leistungen stehen – egal, wie viele Seiten Ihr Infomaterial hat. So muss der Interessent nicht lange blättern, sondern weiß gleich, wie er Sie erreichen kann.

- Der Text im Innenteil sollte übersichtlich und leicht lesbar sein, also möglichst mit einem etwas größeren Zeilenabstand. Er sollte nicht die ganze Seitenbreite einnehmen. Die Sätze sollten nicht zu lang sein.

- Auch im Innenteil empfiehlt es sich, mit Zwischenüberschriften zu arbeiten.

- Wo ein Bild mehr sagt als Worte, sollte es auch eingebunden werden. Und zwar so, dass es gesehen wird! Zehn Grafiken auf einer Seite verringern die Aufmerksamkeit. Seien Sie also sparsam und bauen Sie nur zwei bis drei Bilder pro Seite ein.

Lassen Sie sich bei der Gestaltung auch von anderen Flyern inspirieren. Das heißt nicht, dass Sie sie kopieren sollen. Versuchen Sie, eine Textaufteilung zu finden, die Ihnen zusagt und die zu Ihrem Angebot passt.

Das Bewerbungsschreiben als Werbemittel

Der Bewerbungsbrief ist ein Werbemittel ganz besonderer Art. Die Zielgruppe besteht nämlich nur aus einer Person. Das Bewerbungsschreiben muss daher die eigenen Leistungen mit Blick auf die Wünsche des „Kunden" ins rechte Licht rücken.

Ihr Vorteil: Sie können sich ein ziemlich genaues Bild von Ihrem Kunden machen. In der Stellenausschreibung steht, was er verlangt. Auf der Internetseite finden Sie Informationen darüber, was das Unternehmen anbietet, welche besonderen Aktionen es durchführt und welche Themen dort diskutiert werden.

Dadurch wird deutlich: Es gibt kein Musteranschreiben und Sie können kein Standardschreiben entwickeln, das auf alle potenziellen Arbeitgeber zutrifft. Verzichten Sie am besten ganz darauf. Selbst wenn Sie mit Bausteinen arbeiten könnten. Ihr Bewerbungsschreiben liegt neben vielen anderen auf dem Schreibtisch des Personalentscheiders. Da wird schnell deutlich, wer einfach nur Bausteine aneinandergefügt und wer sich intensiv mit der Stelle und dem Unternehmen beschäftigt hat.

Hier die wichtigsten Aspekte, die ein gutes Bewerbungsschreiben ausmachen – durchaus auch interessant für Selbstständige, die einen Flyer erstellen wollen.

- ordentlicher und ansprechender Aufbau des Briefes
- richtige und korrekt geschriebene Anschrift des Unternehmens und Namen des Ansprechpartners; dabei Titel beachten
- aktuelles Datum
- in der ersten Zeile fett der Betreff, so konkret wie möglich, Beispiel: Ihre Stellenangebot in der Süddeutschen Zeitung am 12.12.2013 (das früher übliche Wort „Betreff" entfällt heute)

- korrekte Anrede (bei Titeln ggf. im Unternehmen nach-fragen oder im Internet recherchieren, wie die korrekte Bezeichnung lautet)
- kurze Vorstellung und Anlass des Schreibens
- Hinweis auf die Bewerbung um die ausgeschriebene Stelle
- Beschreibung, warum Sie sich mit Ihrer Leistungspalette für geeignet halten, die Wünsche des Unternehmens zu realisieren

Versuchen Sie sich zu beschränken und mit einer Seite aus-zukommen. So findet der Leser alles auf einen Blick und es kann nichts verloren gehen. Das heißt aber nicht, dass die Computerschrift immer kleiner werden darf, sie sollte nicht kleiner als 10 Punkt sein.

Verzichten Sie notfalls auf Informationen, die nicht gefragt sind. Natürlich sollte der Lebenslauf aussagekräftig sein und möglichst gleich erkennen lassen, dass Sie bereits viele der geforderten Erfahrungen gemacht haben. Während es früher ausreichte, einfach nur die Bezeichnungen früherer Tätigkei-ten aufzulisten, werden diese heute meist ergänzt um kon-krete Aufgaben, die mit dem Job verbunden waren.

> Auch ein Bewerbungsschreiben ist Werbematerial. Es sollte daher wie die Werbemittel von Selbstständigen und Unternehmen mit Blick auf das Alleinstellungsmerkmal, die eigenen Leistungen und die Wünsche des Kunden entwickelt werden.

Sinnvolle Präsentationsunterlagen erstellen

Berufliche Kommunikation erfolgt immer häufiger über Telefon oder E-Mail. In manchen Branchen ist der persönliche Kontakt gar nicht mehr nötig, um einen Auftrag zu bekommen. Um aber auf alle Eventualitäten vorbereitet zu sein, empfiehlt es sich, auch für persönliche Gespräche das optimale Werbemittel parat zu haben. Präsentations- und Vorstellungstermine kommen gerne überraschend und noch lieber zu Zeiten, in denen jede Minute verplant ist. Wenn Sie erst dann beginnen, sich Gedanken zu machen, wie Sie Ihr Anliegen präsentieren, wächst die Gefahr, dass das schief geht.

Denken Sie also weitreichend, schließlich haben Sie eine große Vision und sollten jederzeit dafür gewappnet sein, dieser einen Schritt näher zu kommen.

Unabhängig davon, wie Sie sich später präsentieren, eignet sich die Aufbereitung der eigenen Gedanken auf Folien gut, um sich selbst erst einmal Klarheit zu verschaffen. Diese Folienserie kann sogar am Anfang der Entwicklung Ihrer Werbemittel stehen.

Präsentation ist nicht gleich Folienpräsentation

Präsentation bedeutet nichts anderes, als sich und sein Anliegen im direkten Kontakt mit einem Gegenüber oder vor einem Publikum vorzustellen. Auch ein Vorstellungsgespräch ist nichts anderes als eine Präsentation. Heute wird Präsentation schnell mit Folienpräsentation gleichgesetzt. Eine verkürzte Darstellung, die daher kommt, dass in Unternehmen Powerpoint-Präsentationen Standard sind. Eine Präsentation umfasst Ihre gesamte Darstellung, dazu gehören

- das gesamte Outfit
- das Auftreten und Verhalten
- die Sprache
- die Art, wie Sie Ihr Ich-Produkt vorstellen

Um diese Art, Ihr Produkt vorzutragen, geht es in diesem Kapitel. Eine solche Präsentation kann mithilfe von Folien erfolgen, muss aber nicht. Die Folien müssen nicht zwingend an die Wand projiziert werden, sie können ebenso gut auf einem Tablet oder in einer Tisch-Präsentationsmappe dargeboten werden. Wählen Sie den Weg, der zu Ihnen und Ihrem Produkt passt. Ein Gespräch mit einer klar strukturierten Erläuterung der eigenen Schwerpunkte kann genauso erfolgreich sein wie eine Top-Folienpräsentation schief gehen oder den Kunden überfordern kann.

Die Struktur einer Selbstdarstellung

Ob Folie oder Gespräch – die Grundlage Ihrer Präsentation bildet eine Struktur dessen, was Sie sagen möchten. Denken Sie darüber nach, wie Sie Ihr Alleinstellungsmerkmal und Ihre Leistungen vorstellen, in welcher Reihenfolge Sie die Informationen erwähnen und welche Beispiele Sie wählen würden.

Als Hilfsmittel für die Live-Präsentation eignen sich neben Folien Fotos und Gegenstände, die Erfahrungen dokumentieren, ob das nun eine selbst gegossene Kerze, das Bild eines gestalteten Innenraumes oder ein Exemplar der Zeitung ist, deren Layout Sie erstellt haben.

Für eine Folienpräsentation gilt dasselbe wie für alle anderen Formen der Information über Sie und Ihr Ich-Produkt: Gestaltung und Inhalt der Folien müssen stimmig sein und zu Ihrem Angebot passen.

Exkurs: Folienerstellung

Wer über ein Programm zur Erstellung von Präsentationsfolien verfügt, neigt dazu, sämtliche Möglichkeiten darin auszuprobieren. Am Ende steht dann ein Werk, das jeden Betrachter erschlägt. Bildlich gesehen, natürlich.

Setzen Sie die Tools Ihrer Präsentationssoftware gezielt ein und überlegen Sie zunächst, was zu Ihnen passt und welche Information Sie vermitteln möchten. Grelle Farben wirken schrill, aggressiv und nicht wirklich seriös. Das gilt ebenso für ständig wechselnde Schriftarten und Schriftgrößen, Animationen an Stellen, wo sie nicht passen, und Sounds, die keinen Zusammenhang zum Inhalt erkennen lassen.

Beachten Sie bei der Erstellung Ihrer Präsentation die folgenden Grundlagen:

- Alle Folien haben das gleiche Layout.
- Innerhalb einer Präsentation gibt es höchstens zwei verschiedene Schriften, eine für Überschriften und eine für

Text, und drei verschiedene Schriftgrößen für Überschrift, Zwischenüberschrift und Text.

- Die Farbhintergründe sollten zurückhaltend sein und der Kontrast zwischen Hintergrund und Schrift so, dass die Schrift lesbar ist. Eine helle Schrift auf dunklem Grund streng mehr an als eine dunkle Schrift auf hellem Grund.

- Der Hintergrund sollte ruhig sein, am besten einfarbig sein und nicht aus einem Bild mit vielen Details oder aufdringlichen Muster bestehen, damit der Text schnell wahrgenommen werden kann.

- Das Logo, der Titel der Präsentation und der Name des Präsentierenden stehen dezent auf allen Folien und immer an der gleichen Stelle.

- Text auf der Folie sollte sparsam dosiert und strukturiert sein.

- Bilder unterstreichen den Inhalt und sind nicht zu dominant. Auf den Folien sollten sich jeweils maximal zwei Bilder finden, wenn möglich immer an der gleichen Stelle. Das erleichtert den Betrachtern, sich auf den Folien zurechtzufinden.

- Folienübergänge sollten gezielt und passend zum Rest ausgewählt werden, nicht alles, was möglich ist, ist auch sinnvoll.

Ablauf einer Präsentation

Schritt für Schritt: Präsentieren	
1	Persönlich vorstellen
2	Anlass des Gesprächs nennen
3	Ich-Produkt präsentieren

Beginnen Sie eine Präsentation damit, dass Sie Ihren Namen deutlich nennen und eine Karte oder ein anderes Schriftstück überreichen, aus dem Ihr Name und Ihr Titel ersichtlich wird. Es ist für beide Seiten unangenehm, wenn ein Name falsch ausgesprochen wird, und nicht immer ist es sinnvoll, sich mit dem Titel vorzustellen. Ein unangenehmes Gefühl kann den Kontakt vom ersten Augenblick an belasten. Das können Sie mit einer solchen Kleinigkeit vermeiden.

Erläutern Sie den Grund Ihres Gesprächs, wenn diese Klärung nicht vom Gegenüber erfolgt. Das ist wichtig, da hier unter Umständen deutlich wird, dass Sie einer Einladung gefolgt und nicht unaufgefordert in den Räumen erschienen sind. Gerade in Unternehmen mit mehreren Hierarchien können solche Dinge schon mal untergehen.

Erst jetzt stellen Sie Ihr Ich-Produkt in wenigen Sätzen vor.

- Handelt es sich um ein Akquise-Gespräch, erklären Sie die Dienstleistung, die Sie anbieten, und warum Ihr Gegenüber Ihnen den Auftrag erteilen sollte. Hier können Sie mit Folien arbeiten, aber auch mit Produktbeispielen, Arbeitsproben oder Mustern, je nachdem, was zu Ihnen und Ihrem Angebot passt.

- Bei einem Kontaktgespräch, das dem ersten Kennenlernen dient, sollten Sie die Arbeitsproben erst einmal in der Tasche lassen und situativ entscheiden, ob Sie Ihre Tisch-Präsentation aufstellen oder frei sprechen.

- Das Bewerbungsgespräch wird meist von der Seite des Personalentscheiders gelenkt. Sie haben hier weniger Spielraum. Es ist aber für Sie hilfreich, wenn Sie Folien vorbereitet haben und diese bei Bedarf zeigen können. Das gleiche gilt für Arbeitsproben, sofern sie den Bewerbungs-unterlagen nicht oder nur als Fotos beilagen.

Es gibt für Selbstständige und Jobsuchende immer Gelegenheiten, sich einem potenziellen Kunden in Ruhe vorzustellen. Um das Gespräch zu strukturieren, sind Präsentationsunterlagen hilfreich. Diese müssen zum Produkt passen und die Kernbotschaften widerspiegeln.

Übung: Planen Sie den Ablauf einer Präsentation

Notieren Sie die Reihenfolge, in der Sie Ihr Alleinstellungs-merkmal, Ihre Leistungen und Ihre Erfahrungen in einem Gespräch darbieten würden.

Falls Sie ungeübt in solchen Präsentationen sind, testen Sie sie bei Freunden oder Bekannten. Das gibt Ihnen Sicherheit und das Gefühl, für alles gewappnet zu sein.

Gerade als Neuling in Sachen Präsentation und Vorstellung ist eine Liste möglicher Fragen und Antworten hilfreich. Verset-zen Sie sich in Ihre künftigen Gesprächspartner und sammeln

Sie Fragen, die Sie stellen würden. Vermerken Sie die Antworten, dann sind Sie vor diesen Überraschungen schon gefeit.

Auf einen Blick: Positiv in Erinnerung bleiben

- Um sich langfristig in die Köpfe von Kunden zu bringen, reicht ein einmaliger Kontakt meist nicht aus. Gedächtnisstützen helfen, diesen Erinnerungsprozess zu verbessern.

- Solche Gedächtnisstützen sind sowohl die Geschäftsunterlagen, wie Briefbogen und Visitenkarte, als auch Werbemittel wie die Internetseite oder eine Infobroschüre.

- Die Infobroschüre Jobsuchender ist das Bewerbungsschreiben, für das daher die gleichen Überlegungen gelten wie für andere Werbemittel.

- Bei der Entwicklung aller Unterlagen stehen das Alleinstellungsmerkmal, die Leistungen und die Anforderungen der Kunden im Mittelpunkt.

- Alle Infomaterialien sollten ein stimmiges Bild von Ihrem Ich-Produkt und einen hohen Wiedererkennungswert vermitteln.

Ihr Know-how in Szene gesetzt

Was nützt das beste Produkt, wenn es keiner wahrnimmt. Nur wer sein Know-how wirksam in Szene setzt, kann Erfolge für sich verbuchen.

In diesem Kapitel erfahren Sie,

- wie Sie bei Veranstaltungen überzeugen,
- für wen ein Infostand sinnvoll ist,
- was ein Weblog bewirken kann,
- weshalb soziales Engagement Selbst-PR ist.

Bei Veranstaltungen als Experte überzeugen

Es gibt heute noch kaum ein Produkt, sei es nun eine Ware, eine Dienstleistung oder ein Beruf, das so gefragt und zugleich so einzigartig ist, dass alle Menschen denselben Anbieter wählen. Das hat zur Folge, dass Ihr Produkt auffallen und herausstechen muss aus der Palette vergleichbarer Produkte, wenn es erfolgreich sein soll.

Jedes Ich-Produkt ist anders. Deshalb ist wichtig, dass Sie diejenigen Wege finden, sich bekannt zu machen, die zu Ihrem Produkt passen. Prüfen Sie, ob es für Ihr Produkt sinnvoll ist, sich bei bestimmten Veranstaltungen zu präsentieren. Die Präsentation von Klangschalen auf einem Manager-Kongress wird möglicherweise ebenso wenig Erfolg haben wie ein Einführungskurs zu HTML im Seniorenheim. Bei einer Talkrunde zu Ihrem Thema oder einem Kongress Ihrer Branche wird Ihr Know-how dagegen auf jeden Fall gefragt sein.

Denken Sie kreativ und bei einer Veranstaltung nicht nur an einen Vortrag. Eine Veranstaltung ist der Oberbegriff für alle Aktionen, die an einem festen Termin für eine bestimmte Zielgruppe angeboten werden, wie z.B.

- eine Podiumsdiskussion
- eine Theateraufführung
- ein Gesundheits- oder anderer Thementag
- eine Talkrunde
- ein Kongress
- eine Rätselrallye

Vorträge sind übrigens auch ein Selbstmarketing-Instrument für Jobsuchende. Bei den Veranstaltungen sind möglicherweise künftige Arbeitgeber zugegen. Sie erweitern dort Ihr Netzwerk und Sie bekommen eine Expertise, die für eine Bewerbung wichtig sein kann. Ihr Know-how wird eher deutlich, wenn Sie Referent bei einem renommierten Fachkongress waren, als wenn Sie nur behaupten, dass Sie sich in dem Bereich auskennen.

Nun ist es nicht jedem gegeben, vor anderen Menschen zu sprechen. Das kann man zwar lernen, wer jedoch einen inneren Widerwillen dagegen hat, sollte diese Form des Selbstmarketing nicht gerade in den Mittelpunkt seiner Aktionen stellen. Er sollte eher weniger öffentliche Wege gehen:

- eine Anzeige im Veranstaltungsprogramm schalten
- Informationsmaterialien oder eigene Bücher auslegen
- an einem Infotisch sein Wissen präsentieren
- Werbemittel zur Verfügung stellen
- ein Schnupperangebot im Rahmenprogramm anbieten
- über die Veranstaltung in seinem Blog berichten

Auch mit solchen Varianten werden Sie thematisch mit der Veranstaltung in Verbindung gebracht und als Experte wahrgenommen.

Sind Sie ein Vortragstyp?

Gehen Sie in sich und prüfen Sie, ob Vorträge für Sie ein Mittel des Selbstmarketing sind. Die folgenden Fragen helfen

Ihnen. Können Sie die meisten mit „Ja" beantworten, sollten Sie Vorträge in Ihr Selbstmarketing-Konzept aufnehmen.

Checkliste: Sind Sie der geborene Redner?

	Ja	Nein
Ich habe schon als Kind auf der Bühne gestanden.		
Ich liebe es, vor einem Publikum zu stehen.		
Ich spreche verständlich und deutlich.		
Schon in der Schule und/oder in der Ausbildung wurden meine Vorträge gelobt.		
Schauspieler wäre ein Beruf für mich.		
Ich habe Vorträge in meiner Ausbildung trainiert.		
Ich kann meine Herzensthemen in Vorträgen gut vermitteln.		
Fragen verunsichern mich nicht, ich kann souverän mit ihnen umgehen.		

> Mit Vorträgen ist es nicht anders als mit sonstigen Werbemitteln. Sie sind nur erfolgreich, wenn die Kunden sie positiv wahrnehmen. Daher ist es gerade hier wichtig, souverän zu wirken und die Vortragszeit nicht mit Foliensuche, Stammeln und Rotwerden zu verbringen.

Als Redner bei Kongressen und Branchentreffen

Am besten können Sie Ihr Know-how präsentieren, wenn Sie als Redner bei Kongressen oder Tagungen auftreten, die von renommierten Institutionen organisiert werden, oder wenn Sie Vorträge in einem anerkannten Umfeld halten.

Solche Veranstaltungen wirken über Ihren Live-Auftritt hinaus. Der Name des Referenten taucht im Veranstaltungsprogramm, in einer Pressemeldung, einem Einladungsschreiben und im Internet immer wieder auf, wenn ein Experte zum Thema gesucht wird. Das sollten Sie bei Ihren Entscheidungen berücksichtigen. Fragen Sie den Veranstalter daher nicht nur nach dem Honorar, sondern auch nach seinem Marketing-Konzept für die Veranstaltung.

Beispiel

 Ich habe vor vielen Jahren einen Vortrag im Rahmen der Didacta, der weltweit größten Bildungsmesse, gehalten. Noch heute bekomme ich Anfragen, ob ich diesen Vortrag auch in einem anderen Umfeld halten könnte. Im Gespräch wird deutlich, dass die Veranstalter die Vortragsprogramme der Didacta gesammelt haben und dort gezielt nach Referenten aus dem Bildungsbereich suchen.

Gerade, wenn Sie sich in einem Themenbereich neu als Experte präsentieren möchten, kann es hilfreicher sein, in einem renommierten, aber kleinen Verband aufzutreten, dessen Pressemeldungen von den Medien gerne aufgenommen werden, als in der Inhouse-Veranstaltung eines Unternehmens, das Ihnen ein besseres Honorar bietet. Wägen Sie ab, welche Schwerpunkte Sie legen müssen und wollen.

Wie Sie an Redner-Aufträge gelangen

Die Vorgehensweise bei der Suche nach einem Referenten, Moderator oder Dozenten hängt vom Veranstalter und vom Event ab.

- Für Fachveranstaltungen werden oft Referenten aus dem Unternehmen, Fachverband oder dem Branchennetzwerk angefragt. Hier sollten Sie beizeiten den richtigen Ansprechpartnern signalisieren, dass Sie für Vorträge zur Verfügung stehen und welche Themen Sie anbieten.

- Bei der Vorbereitung von Vortragsveranstaltungen in Bildungsstätten, Verbänden oder anderen Institutionen suchen die Organisatoren häufig themenbezogen in ihren Unterlagen oder im Internet. Bieten Sie rechtzeitig Ihre Mitarbeit und Ihre Themen an. Kommunizieren Sie Ihre Vortragsbereitschaft auch im Internet und in Ihrer Infobroschüre.

- Autoren für Lesungen werden nach den Büchern ausgewählt. Allerdings greifen auch hier Veranstalter auf ihre Unterlagen zurück. In diese Unterlagen wandern Sie, wenn Sie bei einem Besuch, in einem Brief oder Telefonat Ihre Bereitschaft zur Lesung signalisiert haben.

Nicht immer wird Ihre Vortragsakquise sofort von Erfolg gekrönt sein. Dennoch sollten Sie nicht schon vor dem Start aufgeben, sondern Ihre Themen kennen und formulieren und sich Gedanken über die Rahmenbedingungen machen.

Übung: Recherchieren Sie potenzielle Veranstalter

Sammeln Sie ab sofort Veranstaltungs- und Kongresspro-gramme, Tagungsmappen und Veranstaltungshinweise bei Facebook, XING und in der Tageszeitung. Prüfen Sie, welcher Veranstalter Ihre potenziellen Kunden und Arbeitgeber an-spricht.

Was Sie bei Ihrem Auftritt beachten sollten

Im Idealfall können Sie Wochen oder Tage vor einer Ver-anstaltung den Raum besichtigen und vor Ort abklären, wie Ihr Auftritt vonstattengehen soll. Selbst für Musiker und Schauspieler ist das jedoch eher die Ausnahme. Umso wichti-ger ist, genau zu wissen, was Sie für einen gelungenen Auftritt benötigen und wie der Veranstalter diesen Wünschen entgegenkommt, z. B.

- technische Ausstattung (Beamer, Laptop, Mikrofon),
- Bühnendeko und -aufteilung (Tisch, Stuhl, Kulisse),
- Getränke und Speisen (stilles Wasser, Tee, Kaffee),
- Garderobe oder Rückzugsort vor dem Auftritt.

Übung: Ihr Wunsch-Szenario

Halten Sie schriftlich fest, was Sie für eine optimale Ver-anstaltung benötigen. Erstellen Sie daraus ein Anforde-rungsprofil für den Veranstalter.

Ihr Referentenprofil

Damit potenzielle Veranstalter Sie als Experten wahrnehmen, empfiehlt sich ein Referentenprofil, das Sie in all Ihren Medien kommunizieren und Sie bei möglichen Organisatoren hinterlegen können. Erstellen Sie dafür ein Infoblatt oder einen Flyer über das Spektrum Ihrer Vorträge. Diese Information findet leichter den Zugang in eine Ideenmappe als ein telefonisch geäußerter Veranstaltungsvorschlag. Die Mühe lohnt sich gerade dann, wenn Sie etwas anbieten, das sehr stark davon lebt, dass Sie als Experte in einem Themenfeld bekannt werden.

Übung: Formulieren Sie Ihre Vortragsthemen

Gehen Sie in Gedanken Ihr Spezialwissen durch und formulieren Sie die Themen in einer Weise, die auch Sie als möglichen Besucher ansprechen würde.

Wenn Sie schon dabei sind, Ihre Themen zu formulieren, schreiben Sie gleich noch einen Kurztext, mit dem der Veranstalter u. a. in der Presse auf Ihren Vortrag hinweisen kann. Die meisten Organisatoren sind dankbar für diesen Service; und Sie können damit genau das verbreiten, was Ihnen wichtig ist.

Ob Sie Ihre Honorarvorstellungen in das Profil aufnehmen, bleibt Ihnen überlassen. Der Vorteil ist, dass Sie dann nicht groß verhandeln müssen und die Veranstalter wissen, welchen Preis Ihr Vortrag hat. Der Nachteil ist, dass manche Veranstalter Sie womöglich gar nicht erst kontaktieren, weil sie das

Honorar nicht zahlen können oder wollen. Sie sollten hier genau abwägen, welche Rolle Auftritte für Ihr Ich-Produkt und Ihr Marketing spielen:

- Gehören Vorträge, Moderationen, Konzerte und Lesungen zum Kern Ihres Ich-Produktes, können und sollten Sie Ihre Honorarspanne klar formulieren, damit jeder weiß, dass das Ihre Haupttätigkeit ist.

- Dienen Auftritte ausschließlich dem Selbstmarketing und der Kundenakquise in einem völlig anderen Bereich, sind Sie bei der Honorarvereinbarung flexibler und es ist wichtiger, dass möglichst viele Organisatoren Sie einladen.

Stellen Sie Ihre Themen in dem Flyer kurz vor, schon damit kommunizieren Sie Ihr Know-how.

Das Honorar

Wenn Sie nicht gerade ein bekannter Politiker, Musiker oder Schauspieler sind, der verlangen kann, was er möchte, werden Sie früher oder später die Honorarfrage mit dem Veranstalter so klären müssen, dass beide Seiten zufrieden sind. Wie oben schon angedeutet, hängt dies bei Ihnen davon ab, ob Auftritte zu Ihrem Kernprodukt gehören oder reines Selbstmarketing-Instrument sind.

Sie sollten Ihr Honorar vorab kalkulieren. Sie werden immer wieder auf Veranstalter stoßen, die Ihr Honorar überhöht finden. Wenn Sie eine Kalkulation für sich erstellt haben, können Sie mit den Kostenfaktoren argumentieren und hinterlassen dabei schon einen professionellen Eindruck. In die Honorarkalkulation sollten einfließen

- Ihr üblicher Stundensatz,

- die Zeit, die die Veranstaltung an sich umfasst,

- die inhaltliche Vorbereitung (ins Thema einarbeiten, Vortrag konzipieren, Folien erstellen),

- die organisatorische Vorbereitung (Terminabsprache, Materialien beschaffen und/oder zusammenstellen, Handouts kopieren, Rechte für Fremdmaterialien einholen, Pressetext schreiben oder gegenlesen),

- die Anfahrt und Rückreise (legen Sie fest, welche Anfahrtszeit im Honorar enthalten ist und bestimmen Sie schon jetzt einen Faktor oder einen Betrag für weitere Anfahrten).

- Als Werbemittel erspart Ihnen der Vortrag womöglich eine Anzeige, sodass Sie diese Ersparnis vom Honorar in Abzug bringen können.

Sie werden nur selten die komplette inhaltliche Vorbereitung berechnen können. Umso wichtiger ist, sich auf Themen zu beschränken, die exakt zu Ihnen passen und die Sie mehrmals vortragen können. Dann müssen Sie nur eine Präsentation und ein Handout als Kopier- oder Druckvorlage erstellen. Und Sie schreiben nur einen Pressetext, den Sie dem Veranstalter mailen.

Übung: Erstellen Sie eine Preisliste für Ihre Auftritte

Kalkulieren Sie das Honorar, das Sie für einen Vortrag nehmen müssen und möchten. Staffeln Sie Ihre Honorare nach Veranstaltern und/oder Art des Auftritts.

Legen Sie für sich fest, welche Honorarforderungen Sie aus welchem Grund stellen. So können Sie sie bei Anfragen souverän und konsequent vertreten und geraten nicht ins Wanken, weil die Stimme des Gegenübers so sympathisch klingt.

Organisieren Sie Ihre eigenen Veranstaltungen

Gerade für jene, deren Themen nicht so oft im Mittelpunkt von Tagungen stehen und für die Bildungsinstitute keinen Bedarf sehen, sind eigene Veranstaltungen eine Alternative. Der Vorteil davon ist die Unabhängigkeit; jeder ist sein eigener Veranstalter und kann sein Produkt ohne Rücksicht auf die Wünsche anderer präsentieren. Von Nachteil ist, dass ein Raum gefunden und gemietet werden muss, und vor allem, dass die Besucher und Teilnehmer selbst akquiriert werden müssen. Andere Veranstalter verfügen meist über einen Verteiler mit möglichen Interessenten. Aber wenn Sie ein pfiffiges Netzwerkkonzept haben und die Social Media, wie z. B. XING, offensiv nutzen, können Sie das teilweise ausgleichen.

Und wer sagt denn, dass Sie eine eigene Veranstaltung ganz alleine durchführen müssen? Vielleicht gibt es Kollegen aus angrenzenden Arbeitsbereichen, die für eine Kooperation zur Verfügung stehen.

Beispiel

Ute Herzog, die Besitzerin des Ladens für schöne Dinge, Selavie, lädt ihre Kundinnen und andere Interessierte einmal im Jahr zu einem Tag unter dem Motto „Lust auf Genuss" ein. Dort präsentieren verschiedene Kooperationspartner Angebote rund um

> Wellness und Gesundheit. Sie stellt den Raum zur Verfügung und
> alles andere bringen die Kooperationspartner mit.

Wichtig bei einer selbstorganisierten Veranstaltung ist, eine Form zu wählen, die zu Ihnen passt und Ihr Angebot optimal präsentiert.

- Wer etwas auszustellen hat, ob Kunsthandwerk, Bilder oder Mode, profitiert am meisten von einer Ausstellung oder Werkschau.
- Wer sich in einem Thema auskennt, glänzt mit einem Vortrag am meisten.
- Wer etwas vorzulesen hat, für den ist eine Lesung genau richtig.
- Wer über eigene Räume verfügt, kann bei einem Tag der offenen Tür zeigen, was er drauf hat.

Beobachten Sie, wie und wo Ihre Wettbewerber sich präsentieren. Sie müssen die Veranstaltungen nicht nachmachen, aber Sie können sich davon inspirieren lassen und kommen vielleicht sogar auf noch bessere Ideen.

Eines sollten Sie bedenken: Eine eigene Veranstaltung ist aufwendiger als ein Gastvortrag, eine Moderation oder ein Auftritt woanders. Schätzen Sie ab, ob Sie diese Zeit aufbringen können und ob der Aufwand für die Veranstaltung – finanziell und zeitlich – in einem angemessenen Verhältnis zum Ergebnis steht, das Sie erwarten.

Übung: Brauchen Sie eine eigene Veranstaltung?

Erstellen Sie eine Pro- und Contra-Liste für eine eigene Veranstaltung, unabhängig davon, wie diese aussehen könnte.

Gründe für eine eigene Veranstaltung können folgende sein:

- Persönlicher Kontakt ist wichtig für Ihre Arbeit. Ihre potenziellen Kunden lernen Sie und/oder Ihre Räume kennen.

- Sie haben einen Aufhänger für Ihre Medienarbeit.

- Ihr Produkt ist so kompliziert, dass Sie es nur im persönlichen Kontakt erklären können.

- Die Veranstaltung erhöht Ihr Renommee in der Branche, z.B. weil Sie mit einem bekannten Unternehmen oder einer bekannten Persönlichkeit kooperieren können.

Folgende Gründe sprechen z.B. gegen eine Veranstaltung:

- Sie haben ohnehin keine freien Ressourcen.

- Sie haben keine Räumlichkeit und in Ihrem Ort gibt es keinen Raum, den Sie nutzen könnten.

- Die Kosten für die Werbung überschreiten Ihr Budget und Sie haben kein Netzwerk, das Sie unterstützt.

- Ihre Kunden besuchen ohnehin keine Veranstaltungen.

Fällt die Entscheidung für eine Veranstaltung suchen Sie am besten von Anfang an Verbündete, die Sie unterstützen. Dies gilt vor allem bei Events in den eigenen Räumen. Sie können nicht gleichzeitig die Besucher durch die Räume führen, einen Vortrag halten und denen, die zu spät kommen, die Tür öffnen. Binden Sie Freunde und Familie ein und machen Sie sich klar, was alles zu einer Veranstaltungsorganisation gehört.

Checkliste: Die eigene Veranstaltung

1	Form der Veranstaltung, Ort und Termin festlegen (Achtung: Unbedingt Ferienzeiten, lokale Events und Fernsehereignisse wie z. B. WM berücksichtigen)
2	Werbekonzept entwickeln (Wer wird wie wann informiert und eingeladen?)
3	Veranstaltung bekannt machen (Einladung, Pressearbeit, Plakate, Handzettel, Social Media, Anzeigen etc.)
4	Rücklauf organisieren (Umgang mit Anmeldungen, Rückfragen)
5	Inhalte vorbereiten (Vortrag, Folien, Modelle, Ausstellungsobjekte)
6	Technik organisieren, vorbereiten und testen (Präsentationsmedien, Mikrofon, Musikanlage ...)
7	Rechtliches organisieren (Anmeldung bei GEMA/VG-Wort, bei Außenveranstaltungen Genehmigung vom Ordnungsamt einholen ...)
8	Organisatorisches vorbereiten (Zeitplan, Verpflegung, Aufgabenverteilung, Materialien vervielfältigen, Hinweisschilder anbringen ...)

9   Räume vorbereiten (Aufräumen, Bestuhlung, De-
    koration, Stehtische, Büffet, Infotisch für Werbe-
    materialien, Plätze für besondere Gäste ...)

10 Durchführung organisieren (Gäste begrüßen und
    unterhalten, sich im Gespräch präsentieren, inner-
    lich auf den Vortrag oder eine Begrüßung vor-
    bereiten, für Getränke- und Speisennachschub
    sorgen, Fragen beantworten, Adressen der Gäste
    sammeln, Medienvertreter betreuen ...)

11 Veranstaltung nachbereiten (Aufräumen, Daten-
    bank aktualisieren, Anfragen bearbeiten ...)

Ergänzen Sie die Checkliste um Ihre spezifischen Aspekte und denken Sie darüber nach, wer welche Aufgaben übernehmen könnte.

> Eine gelungene Veranstaltung ist eine lebendige Visitenkarte und ein Aushängeschild. Entscheiden Sie sich nur für einen solchen Event, wenn Sie sicher sind, dass Sie über ausreichende Ressourcen und Unterstützung verfügen.

Infostand auf Messen und Infotagen

Eine gute Gelegenheit, sich und seine Angebote vorzustellen, sind Infostände. Sie müssen nicht immer auf Messen stehen. In vielen Orten werden Leistungsschauen initiiert, bei denen sich örtliche Dienstleister oder Unternehmen präsentieren. Auch bei lokalen Netzwerkveranstaltungen, Stadt- oder Stadtteilfesten, Kunsthandwerkermärkten o.Ä. ist es häufig möglich, mit einem Infostand zu punkten.

Wenn Ihr Produkt betrachtet und physisch verkauft werden kann, wie Schmuck, Textilien und Kunsthandwerk oder Haushaltsartikel, und Sie nicht über einen eigenen Verkaufsraum verfügen, ist ein solcher Infostand genau genommen ein Verkaufsstand und ein absolutes Muss. Aber auch, wenn Sie nur sich als Person präsentieren und ein Angebot haben, das sich nicht selbst erklärt, ist ein Infostand in einem passenden Umfeld sinnvoll. An dem Stand können Sie mit vielen Menschen sprechen, Ihre Werbemittel verteilen und Sie werden zum Gesprächsthema. Das steigert Ihre Bekanntheit gerade im Dienstleistungsbereich mehr als andere kostenaufwendige Werbeaktionen.

Übung: Wo bietet sich ein Infostand an?

Sichten Sie die lokalen Medien und sammeln Sie Ankündigungen von Veranstaltungen, zu denen Infostände passen können. Fragen Sie im Kunden- und Bekanntenkreis, welche Messen und Veranstaltungen interessant sind für Ihr Klientel.

Erkundigen Sie sich bei Veranstaltern von Hausmessen, Märkten oder Leistungsschauen nach ihren Bedingungen und tragen Sie sich in deren Interessentenlisten ein.

Die Gestaltung Ihres Infostandes

Lassen Sie sich bei der Gestaltung Ihres Infostandes nicht von den Profiständen auf der Branchenmesse irritieren. Einen solchen Stand erwartet niemand von Ihnen. Entscheidend ist, dass Ihr Infostand zu Ihnen und Ihrem Produkt passt. Wenn Sie Menschen schulen, wie sie ihren Arbeitsplatz organisieren können, sollte auch Ihr Stand organisiert aussehen. Verkaufen Sie Holzspielzeug für Kinder, sollten Sie Probierflächen einplanen, auf denen kreatives Durcheinander herrschen kann.

Mit ein paar pfiffigen Details können Sie auch ohne Agentur dafür sorgen, dass Ihr Stand auffällt und in Erinnerung bleibt. Grundsätzlich gilt: Weniger ist mehr. Setzen Sie lieber einige kleine Akzente anstatt all Ihre Ideen zu verwirklichen.

- Sorgen Sie mit einer Lacktischdecke in Ihrer Logo-Farbe oder einer Farbe, die zum Produkt passt, für einen Farbtupfer.
- Legen Sie flache Materialien nicht einfach auf den Tisch, sondern nutzen Sie Aufsteller. So fallen sie auch Passanten, die nicht stehen bleiben, ins Auge.
- Wählen Sie einen Eyecatcher, der zu Ihrem Produkt passt und der aus den anderen Angeboten heraussticht, ein Plüschtier mit Brille als Optiker oder ein altes Buch, dessen Einband zerrissen ist, als Buchbinder.
- Präsentieren Sie an einem Flipchart oder auf einer Stellwand Ihr Logo und Ihre Leistungen.

Übung: Wie könnte Ihr Infostand aussehen?

Entwerfen Sie auf einem großen Blatt Papier einen Infostand, der Ihr Produkt repräsentiert. Erstellen Sie am besten gleich eine To-do-Liste, was Sie alles im Ernstfall dafür noch beschaffen müssen.

Schreiben Sie in Ihre Besorgungsliste auch einen Tisch und einen (Klapp-)Stuhl. Diese Dinge können Sie dann als erstes streichen, wenn der Veranstalter sie zur Verfügung stellt.

> Ein Infostand kann in manchen Arbeitsbereichen sinnvoll sein. Klären Sie für sich, ob Sie damit Bekanntheit und neue Kunden gewinnen können. Entwickeln Sie ein Konzept für Ihren Infostand, sodass Sie loslegen können, sobald sich eine Gelegenheit bietet.

Wecken Sie das Interesse der Besucher

Wer selbst erstellte Masken oder mundgeblasene Glaskunst ausstellt, zieht mit seinen Exponaten Besucher fast von selbst an. Diejenigen, denen solche Anschauungsexemplare fehlen, können das Interesse potenzieller Kunden durch attraktive Angebote hervorrufen. Was das sein könnte, hängt vom Produkt und von Ihrer Fantasie ab. Vielleicht fällt Ihnen bei der folgenden Ideensammlung etwas ein:

- Sonderangebot (Messepreis oder Zugabe zum üblichen Preis)
- Vorführung (Kochen, Basteln, Bewegung)
- Gewinnspiel (Rätselfrage zum Produkt, etwas auf dem Stand finden, Malwettbewerb)
- Aufführung (Puppenspiel, Rollenspiel, Tanz)
- Musik (selbst gemacht oder vom Band, aber unbedingt die GEMA-Frage klären)

Beispiel

An einem Infostand für das Lerncenter haben wir in Ermangelung aufwendiger Materialien ein Flipchart mit Magnet-Buchstaben einen hohen bestückt. Aus den Buchstaben konnten die Besucher Wörter legen und wer ein neues Wort fand, bekam einen Preis. Das hatte Aufforderungscharakter und wir kamen immer wieder mit den Wort-Tüftlern ins Gespräch über lernrelevante Themen.

Im Weblog Kompetenz ausstrahlen

Ein Weblog, kurz: Blog, war ursprünglich ein Tagebuch im Internet. Mittlerweile gibt es viele Blogs mit themenbezogenen Informationen und praktischen Tipps. Je nach Arbeitsbereich und Zielgruppe bietet sich ein Blog an, um die eigene Kompetenz unabhängig von Zeit und Raum darzustellen. Das heißt: Sie müssen keinen Vortrag halten und auch keine zusätzlichen Termine einplanen. Sie brauchen lediglich in wiederkehrenden Abständen Zeit, um Texte in Ihren Blog zu schreiben.

Voraussetzung dafür ist, dass Sie Spaß am Schreiben haben und Ihnen das Schreiben leicht fällt. Wenn Sie schon bei jedem Brief mit sich kämpfen, weil Ihnen die Worte fehlen, ist ein Blog kaum das geeignete Werbemittel für Sie. Es sei denn, Sie hätten Bilder, die für sich sprechen.

Beispiel

Die Fotografin Sibylle Pietrek dokumentiert in ihrem Gartenblog http://gartenblick.blogspot.de ihre Fototouren vor allem mit Bildern. Gelegentlich erläutert sie die Hintergründe der Fotos. Als Fotografin lässt sie statt Worten lieber Fotos sprechen.

Die Inhalte

Anders als eine Internetseite, auf der Sie sich und Ihre Angebote vorstellen, lebt ein Weblog von aktuellen Informationen. Wer nichts zu berichten hat oder nichts berichten möchte, für den ist ein Blog nicht das passende Medium.

Für die Inhalte gilt: Je einzigartiger und bedeutsamer sie für viele sind, umso größer ist das Interesse an dem Blog. Falls Sie als Modedesigner Exklusivinformationen über die Garderobe der Stars besitzen, dürfen Sie mit vielen Lesern rechnen. Aber wer hat schon solche Infos? Doch auch in Ihrer Welt wird es Neuigkeiten geben, die Sie vor anderen erfahren oder im Internet entdecken. Nicht jeder surft regelmäßig alle Internetseiten der Tageszeitungen und Wochenmagazine ab. Wenn Sie das mit Blick auf Ihre Branche tun, berichten, was sich Neues tut, und auf interessante Artikel verlinken, bieten Sie einen nützlichen Service.

Ein Blog einrichten

Es gibt verschiedene Möglichkeiten, ein Blog einzurichten. Sie können es in Ihre Internetseite einbinden, die meisten Provider bieten eine entsprechende Software an. Viele Blogs werden jedoch online eingerichtet auf einer der entsprechenden Blog-Plattformen. Am besten suchen Sie im Internet nach einer, die Ihnen gefällt. Die gängigsten Anbieter sind http://blogspot.com oder http://wordpress.com. Bei beiden legen User am Anfang den Namen ihres Blogs fest, z.B. http://buecherverbrennung.wordpress.com oder http://buecherverbrennung.blogspot.com. Auf diese Seiten können dann bestehende Domains, wie in meinem Fall z.B. www.buecherverbrennung.de, umgeleitet werden. Bei der Einrichtung eines Weblogs ist vor allem zu beachten, dass es zwei verschiedene Formen der Inhaltsdarstellung gibt:

1 Seiten: Hierbei handelt es sich um Seiten, deren Inhalt immer gleich bleibt und deren Titel in einer Seitennavigation angezeigt werden. In jedem Fall sollten Sie für das Blog-Impressum und die Information über sich und Ihr Produkt solche Seiten verwenden.

2 Artikel oder Posts: Das sind Beiträge, die auf der Startseite oder einer dafür vorgesehenen Blog-Seite chronologisch untereinander stehen. Sie werden mit Stichworten (Labels oder Kategorien) und dem aktuellen Datum versehen. Diese Artikel sind entweder über ein Archiv oder über eine Stichwortliste auffindbar. Sie haben aber wie die Seiten einen individuellen Namen (URL), mit dem bei einer Verlinkung auf genau diesen Artikel verwiesen werden kann. Artikel eignen sich für aktuelle Beiträge oder wenn Sie viele kleine Informationen über Ihr Produkt veröffentlichen möchten.

Beispiel

 In meinem Blog www.buecherverbrennung.de wäre es unübersichtlich geworden, hätte ich für jeden Ort der Bücherverbrennung und jeden Autor, dessen Bücher verbrannt wurden, eine Seite erstellt. Stattdessen gibt es viele einzelne Artikel und eine Suchfunktion, sodass die Leser sich sowohl alle Artikel über Autoren ansehen als auch gezielt nach Orten suchen können. Als zusätzlichen Service habe ich darüber hinaus zwei Seiten jeweils mit allen Orten und mit allen Autoren eingerichtet, von der aus ich auf die Artikel verlinke.

Die Gestaltung

Das Entscheidende bei der Gestaltung eines Blogs ist, dass das Design zu dem Inhalt passt, der vermittelt werden soll. Für Sie bedeutet dies, dass die visuelle Anmutung Ihres Weblog möglichst dicht an Ihrem Kernprodukt und Ihren anderen Werbemitteln sein sollte. Das ist eine weitere Gelegenheit, Ihr Ich-Produkt und Ihren Namen im Gedächtnis potenzieller Kunden zu verankern.

Falls Ihre Internetseite von einer Agentur programmiert wurde, lassen Sie sich ein Design für einen Blog erstellen. Wenn Ihnen der Aufwand zu hoch ist, suchen Sie unter den Design-Beispielen in der Blogsoftware (Vorlagen oder Themes) eines aus, das in Farbe und Layout Ihrem Produkt am nächsten kommt. Die Bilder, die Sie für Ihr Produkt gesammelt haben, helfen Ihnen sich zu orientieren.

Übung: Finden Sie ein Design für Ihr Blog

Melden Sie sich bei einem Blog-Anbieter Ihrer Wahl an. Sehen Sie sich die verschiedenen Vorlagen an. Das hilft Ihnen, wenn Sie einen Blog erstellen möchten und vermittelt Ihnen das Gefühl, was zu Ihrem Produkt passt und was nicht.

Neben den Farben wirkt auch die Verteilung der Inhalte auf einer Seite. Viele kleine Bilder und Textfelder wirken unruhiger als ein großes Textfeld. Eine Wiederholung der Seiten-Navigation und der Stichworte bringt die Leser unnütz durcheinander. Binden Sie lieber Ihr Logo oder Ihr Foto in die Seite ein, das verstärkt den Wiedererkennungswert.

Wenn Ihre Blogsoftware Dinge vorsieht, die Ihnen überflüssig erscheinen, gönnen Sie sich den Mut zur Lücke. Meta-Verlinkungen, Bookmarks, Permalinks und andere platzraubende Elemente sind überflüssig und verwirren nur. Wichtiger sind Schlagworte für Suchmaschinen oder Kategorien bzw. Labels, mit deren Hilfe Ihre Postings thematisch sortiert werden können.

Ein Blog ist nichts anderes als eine dynamische Internetseite. Daher gelten die gleichen Regeln wie für die Gestaltung der Internetseite aus dem Kapitel „Positiv in Erinnerung bleiben".

Wie Ihr Blog bekannt wird

Haben Sie Ihr Blog eingerichtet und befüllt, sollten Sie dafür sorgen, dass Sie Leser gewinnen. Das geht nur, wenn das Blog von der Suchmaschine erkannt wird. Prüfen Sie daher die Einstellungen Ihres Blogs. Schon mancher Blog-Neuling hat sich gewundert, dass die Seite nicht gefunden wird; dabei hatte er einmal angeklickt, dass das Blog nur privat genutzt werden soll.

- Tragen Sie Ihre Blogadresse auf allen Internetseiten ein, auf denen Sie, spätestens nach der Lektüre des Kapitels „Medienarbeit in eigener Sache", ein Profil eingerichtet haben.

- Drucken Sie Ihre Blogadresse auf schmale Aufkleber und versehen Sie all Ihre Werbematerialien damit.

- Kleben Sie die Adresse auf Ihre Briefe.

- Tragen Sie sie in Ihre E-Mail-Signatur ein.

- Nutzen Sie Online-Netzwerke wie Facebook, XING oder Google+, um Ihre aktuellen Blog-Beiträge bekannt zu machen. Wenn nur jeder Beitrag ein oder zwei neue Leser bringt, haben Sie bald eine stattliche Anzahl von Fans in Ihrer Blog-Community beisammen.

- Twittern Sie die Links zu Ihren aktuellen Beiträgen.

- Weisen Sie auf Ihrer Website oder an einer Infotafel in Ihrem Büro auf den neuen Beitrag hin.

Beispiel

Heide Liebmann, Expertin für Selbstmarketing, bloggt seit vielen Jahren. Unter www.heide-liebmann.de/blog greift sie aktuelle Fragen auf, stellt eigene Projekte vor und gibt praktische Tipps für das Selbstmarketing. Um die Bekanntheit ihres Blogs zu erhöhen, veranstaltet sie Blogparaden und nimmt selbst an solchen Paraden teil.

Eine Blogparade ist eine Sammlung von Blogbeiträgen zu einem Thema, das der Veranstalter einer Blogparade vorgibt. Der Veranstalter bloggt und ruft auf, innerhalb eines bestimmten Zeitfensters zum selben Thema zu bloggen. Die Blogparaden-Teilnehmer verweisen in ihrem Artikel auf den Veranstalter-Blog und werden im Gegenzug während oder am Ende der Blogparade im Beitrag des Veranstalters aufgelistet. Die Blogparade ermöglicht, verschiedene Sichtweisen zu einem Thema zu sammeln, andere Blogs kennen zu lernen und für das eigene Blog zu werben.

Wenn Sie ein Blog zu einem Thema eingerichtet haben, das gerade aktuell ist und/oder zu dem es noch kein Blog gibt, halten Sie sich mit Pressearbeit nicht zurück. Senden Sie den Medien eine Nachricht. Das Schlimmste, das Ihnen passieren kann, ist, dass keiner Ihre Nachricht zur Kenntnis nimmt. Aber vielleicht treffen Sie auch gerade den Nerv eines Redakteurs und finden Ihren Blog in der Zeitung oder im Radio wieder.

> Ein Blog eignet sich als Mittel, um Kompetenz zu zeigen, wenn es zu Ihrem Ich-Produkt immer wieder aktuelle und unterschiedliche Informationen oder Anschauungsmaterial gibt. Wie eine Website sollte auch ein Weblog inhaltlich und gestalterisch zum Produkt passen.

Mit Charity-Aktionen glänzen

Trotz allen Engagements ist es nicht immer leicht, auf sich aufmerksam zu machen. Medien ordnen Ihre selbst organisierten Veranstaltungen als Werbung ein, zu den Terminen der Netzwerktreffen haben Sie immer andere Verpflichtungen und von einer Gelegenheit für einen Infostand ist weit und breit nichts zu lesen.

Zeit, sich Verbündete zu suchen, die ebenso wie Sie bekannt werden möchten, und froh sind, über jeden Anlass in die Medien zu gelangen. Charity ist nicht nur etwas für Reiche, oft sind es die kleinen Aktionen und Gesten, die den Einrichtungen helfen. Kleine, lokale, gemeinnützige Organisationen, die von Spenden leben, haben z.B. oft nicht die Mittel, um einen Referenten oder Künstler zu verpflichten. Sie sind meist froh darüber, wenn jemand etwas anbietet, mit dem sie ihre Mitglieder, Ehrenamtlichen oder Förderer begeistern können.

Ich spreche hier nicht von Sponsoring, das ich in diesem Buch bewusst ausgeklammert habe, weil es für Einzelunternehmer nur selten sinnvoll ist. Hier geht es darum, sich mit einer oder mehreren gemeinnützigen Initiativen zusammen zu tun, ihnen etwas anzubieten und davon zu profitieren, dass Sie auf diesem Weg in einen positiven Zusammenhang gestellt werden und in Medien erwähnt werden. Medien umfasst dabei mehr als die Zeitung. Auch eine Erwähnung auf einer Internetseite mit einem Link auf Ihre Website erhöht Ihre Bekanntheit.

Beispiel

 Der Oberstufenschüler Jakob Strehlow hat mit seiner Aktion „Tausch dich reich" Aufsehen erregt und für einige Bekanntheit gesorgt. Eigentlich sollte das Ganze nur eine Jahresarbeit darüber werden, was herauskommt, wenn man heute im Stil des Grimmschen Märchens „Hans im Glück" tauscht. Begonnen hat Jakob Strehlow mit einem Luftballon; bis zum Redaktionsschluss hat er es zu einem Auto gebracht. Sein Traum ist ein Haus für die Jugendarbeit seines Heimatdorfes. Für diese Jugendarbeit spendet er in jedem Fall das, was er am Ende des „Tauschwunders" in den Händen hält.

Die Möglichkeiten, sich im Rahmen einer Benefiz- oder Charity-Aktion zu engagieren sind so vielfältig wie die Institutionen und die Leistungen. Im besten Fall passen beide genau zusammen, sodass sich jeder fragt, wieso Ihre Unterstützung nicht schon längst eingebunden wurde.

Solche Aktivitäten haben nicht nur Wirkung auf potenzielle Kunden Selbstständiger. Auch bei möglichen Arbeitgebern können Sie punkten, wenn Sie sich für eine gute Sache einsetzen. Der Artikel über Ihre PR-Beratung einer örtlichen Selbsthilfegruppe ist ein Indiz dafür, dass Sie PR können.

Lesen Sie ab sofort die Klatschpresse etwas genauer und mit dem Blick darauf, welche der dort vorgestellten Charity-Aktionen auch etwas für Sie wäre, z.B.

- als Konditor oder Anbieter von Leistungen rund um Kinderbetreuung eine Geburtstagstorte für das Jubiläum eines Kindergartens backen,

- als Schneider das Kommunionkleid spenden für ein Mädchen einer armen Familie, das sonst in Alltagskleidung an dem Fest teilnehmen müsste,

- als Eventagentur einen Kinderwunsch über die Charity-Plattform Herzenswünsche erfüllen (www.herzenswuensche.de),

- als Pharmareferent und Freizeitclown die Weihnachtsfeier im Kinderkrankenhaus verstärken.

Es geht nicht darum, dass Ihr Produkt in aller Munde ist, sondern dass Ihr Name bekannt wird. Wenn eine Institution noch Ihre Leistungen erwähnt, ist das schön, aber rechnen Sie nicht damit. Ihr Engagement ist hier keine Werbung, sondern Public Relation. Sie verorten sich auf diese Weise in einem bestimmten Zusammenhang in der Öffentlichkeit. Von da aus ist es jedoch nicht weit bis zu Ihrem Produkt, besonders, wenn Sie im Internet gut auffindbar sind.

Charity-Aktionen sind soziales oder gesellschaftliches Engagement. Mit der Beteiligung an solchen Projekten leisten Sie einen Beitrag zur Gesellschaft und bringen sich in die Nähe Ihres Themenbereiches. Dafür sollten Sie die Initiativen sorgfältig mit Blick auf Ihr Anliegen auswählen. Sie können nicht alle Einrichtungen unterstützen und müssen filtern. Der Filter „Nähe zum Produkt" ist hier durchaus erlaubt.

Keine Gelegenheit auslassen

Das Ziel aller Marketing-Aktivitäten ist, ein Produkt bekannt zu machen und mit Inhalt zu füllen. Irgendwann sollen möglichst viele Menschen, wenn sie einen Produktnamen hören, ihn damit verbinden, was sich der Entwickler gedacht hat. Auf Selbstständige und Jobsuchende übertragen bedeutet dies, dass alle Selbstmarketing-Aktionen dazu dienen, den eigenen Namen in Verbindung mit einem gewünschten Inhalt, einem Beruf, einer Leistung, einer Fähigkeit zu bringen.

Um das zu erreichen, sollten Sie jede Chance nutzen und Gelegenheiten schaffen, mit denen Sie zum Gesprächsthema werden. Bei solchen Events dürfen Sie sich von großen Unternehmen inspirieren lassen. Sei es die Präsentation eines neuen Produktes oder ein Wettbewerb, sei es die Verteilung von Werbegeschenken oder das Plakat in der Fußgängerzone – Sie können das auch. In etwas kleinerem Maße, mit einfachen Mitteln, aber deswegen nicht weniger wirkungsvoll.

Im Gegensatz zu den Marketingabteilungen und Agenturen großer Unternehmen kennen Sie Ihre Kunden und Ihr Umfeld genau, wissen, wo Ihre Kunden der Schuh drückt und können dort ansetzen. Lassen Sie sich von den folgenden Beispielen zu Ideen für Ihr Produkt und für Ihre Zielgruppe inspirieren.

Give aways und Erinnerungsgeschenke

Sie möchten bei Ihrem Kunden zu Hause sein? Wie wäre es mit ganz persönlichen Geschenken, die Ihre Schon- und Noch-Nicht-Kunden gerne aufbewahren?

Lesezeichen mit Logo, witzigen Sprüchen, Bildern, Rätseln, Tipps oder Sprachspielen sind heute dank Computer schnell erstellt. Ein bisschen am PC getüftelt und schon rattert der Drucker und produziert die Kunstwerke. Mit einer Auflagennummer und Unterschrift versehen wie bei den Drucken großer Künstler wird jedes Lesezeichen zum Unikat.

Aber auch Tassen, Taschen, Mousepads, Sticker, T-Shirts und andere Gebrauchsgegenstände lassen sich schon in kleiner Stückzahl über das Internet rasch in Auftrag geben. Damit schmuggeln Sie sich in jeden Haushalt. Warum sollten Sie weniger Erfolg haben als Ihr großer Wettbewerber, der massenhaft Stofftaschen bedrucken lässt? Vielleicht liegt in Ihrer Werkstatt ohnehin Holz-, Teppich- oder Stoffverschnitt herum? Auf eine einfache Postkarte geklebt und signiert, haben Sie ein Kunstwerk geschaffen, an das sich Ihre potenziellen Kunden gerne erinnern.

Beispiel

 Isabel Bogdan hat zu ihrem Buch „Sachen machen" ein besonders witziges Lesezeichen herstellen lassen. Das Buchcover zeigt ein Rhönrad und in dem Buch findet sich ein Rhönrad als Daumenkino. Aus ihrem Lesezeichen kann man ein Rhönrad basteln, das haben viele Buchhändler auch getan und Fotos davon bei Facebook eingestellt.

Grußkarten

Auch Grußkarten könnten zu Ihrem Ich-Produkt passen. Es müssen nicht unbedingt klassische Weihnachtskarten sein, die Sie verschicken. Nutzen Sie auch andere Anlässe, den Weltbildungstag z. B., wenn Sie als Dozent in der Weiterbildung tätig sind. Oder versenden Sie Geburtstagskarten an Ihre Kunden, wenn das zu Ihrem Arbeitsfeld passt.

Je interessanter und wertiger Sie Ihre Grußkarten gestalten, umso größer ist die Wahrscheinlichkeit, dass sie nicht nur wahrgenommen, sondern sogar aufgehoben werden. Wertvoll muss aber nicht zwangsläufig teuer bedeuten. Mitunter ist ein Nutzwert der Karte für den Empfänger viel wichtiger. Ob das ein Gutschein ist oder ein ausgefallener Spruch, eine Übersicht zu wichtigen Daten Ihrer Branche oder eine Karte mit einem Lieblingsrezept – lassen Sie Ihre Fantasie spielen.

Beispiel

Die Journalistin und Autorin Andrea Behnke hat vor einigen Jahren zu Weihnachten mit ihrer Weihnachtskarte einen kleinen Klapp-Kalender verschickt. Für mich hatte er den besonderen Nutzwert, dass ich ihn aufstellen und mitnehmen konnte und so die Termine selbst in der Hosentasche parat hatte.

Der Mal– oder Zeichenwettbewerb

Sie bieten Leistungen für Familien oder rund um Kreativität? Wie wäre es mit einem Malwettbewerb für den Spielplatz, der in einem Wohngebiet geplant ist? Loben Sie einen Preis aus und versuchen Sie eine Lokalgröße oder sogar einen Mitarbeiter der Zeitung als Jurymitglied zu gewinnen. Gestalten Sie einen Handzettel mit Ihrem Logo und verteilen Sie ihn in Schulen, Kindergärten und anderen Einrichtungen, in denen sich Kinder tummeln. Informieren Sie die Presse und vergessen Sie nicht, die Lokalgröße zu erwähnen. Sammeln Sie die Bilder und wählen Sie mit der Jury die Gewinner aus. Laden Sie zu einer Preisverleihung ein. Natürlich dürfen hier auch Presse und Bürgermeister nicht fehlen. Spätestens nach dieser Aktion weiß jeder, dass Sie Ansprechpartner für Familien und kreative Belange sind.

Beispiel

 Die Autorin Angelika Diem hat sich etwas ganz Besonderes für die Sieger ihres Malwettbewerbs ausgedacht. Sie hat die Preisträger-Zeichnungen auf Postkarten drucken lassen. Auf die Rückseite hat sie den Titel ihres Buches geschrieben, sodass sie die Karten auch bei Lesungen verteilen kann.

Der Schnupperkurs

Sie bieten selbst gefertigte Produkte oder Dienstleistungen an? Wie wäre es mit einem Schnupperkurs, bei dem Sie den Teilnehmern ein wenig von Ihrem Know-how vermitteln?

Keine Angst, die Teilnehmer werden Ihnen danach sicherlich keine Konkurrenz machen. Sie werden wissen, welche Arbeit

hinter Ihrem Produkt steckt und es ihren Freunden und
Freundinnen erzählen. Entscheiden Sie sich, was Sie anderen
zeigen möchten, wann und wo das Projekt starten soll. Ver-
schicken Sie Einladungen an Ihre Zielgruppe, schalten Sie
Anzeigen und/oder verteilen Sie Plakate und Handzettel.
Informieren Sie die Presse und bereiten Sie den Kurs gut vor.
Stellen Sie die Fähigkeiten, die die Teilnehmer erlernen, in den
Mittelpunkt und nicht sich selbst. Sorgen Sie dafür, dass sie
auf jeden Fall ein Ergebnis mit nach Hause nehmen, ob das
nun ein selbst gebackenes Brötchen oder ein Lesezeichen, ein
Faltstern oder eine Postkarte ist. Ihr Schnupperkurs soll Ge-
sprächsthema werden. Da helfen Dinge, die ins Auge fallen.

Die Anzeige

Sie möchten unabhängig davon sein, wann die nächste Messe
geplant ist und ob eine Zeitung über Sie berichtet? Wie wäre
es mit einer Textanzeige in einem Medium, das Ihre Zielgruppe liest?

Zugegeben, Textanzeigen sind teuer und werden durch den
Vermerk „Anzeige" vom redaktionellen Teil abgetrennt. Dennoch nehmen viele Zeitungsleser solche Anzeigen als Presse-
bericht wahr. Die Kosten dafür könnten also gut investiert
sein. Allerdings sollten Sie nicht wahllos ein Inserat schalten,
sondern sich selbst beobachten und Ihre Freunde befragen,
welche Anzeigen Ihnen auffallen und welche nicht. Das ist
regional sehr unterschiedlich.

Wenn Sie sich entschieden haben, verfassen Sie einen Text,
allerdings keinen Werbetext. Bereiten Sie Ihre Informationen

auf wie einen Artikel, zitieren Sie sich selbst und erwähnen Sie Ihre Leistungen und Ihr Produkt nicht zu häufig. Heben Sie stattdessen hervor, welchen Nutzen die Leser von Ihnen haben und welche Bedürfnisse Sie ansprechen. Falls möglich, sollten Sie den Beitrag um ein Bild ergänzen, ein Porträt von Ihnen oder ein Produktbild, das neugierig macht.

Je nach Produkt und Umfeld können auch andere Anzeigen sinnvoll sein:

- grafisch gestaltete Inserate oder Textanzeigen im Kleinanzeigenteil, wenn es dort für Ihre Branche oder Ihren Bereich eine spezielle Rubrik gibt
- größere Anzeigen in Bildungsverzeichnissen oder Veranstaltungsprogrammen, wenn diese die Zielgruppe erreichen und die Anbieter zu Ihrem Produkt passen

Der Handzettel

Sie wollen Ihr neues Produkt vorstellen und schnell viele Menschen erreichen? Wie wäre es mit einem Handzettel, auch Flugblatt genannt? Er dient der Information über ein Produkt oder Projekt und ist meist auf nicht so wertvollem Papier gedruckt. Schließlich handelt es sich bei ihm – im Gegensatz zum oben beschriebenen Flyer – um ein Wegwerfprodukt, das nur eine kurze Zeit aktuell ist, weil eine Eröffnung, eine Veranstaltung oder ein Sonderangebot kommuniziert wird.

Nicht für jedes Produkt ist ein Handzettel das geeignete Mittel. Denken Sie darüber nach, wie das Flugblatt auf Ihre

Kunden wirken würde. Wenn Sie sich für diese Werbeform entscheiden, behalten Sie immer Ihren Produktkern im Auge. Kommunizieren Sie nicht nur Preise oder Gewinnspiele, sondern etwas, das mit Ihrem Know-how zu tun hat: Rezepte, Gesundheitstipps oder was auch immer zu Ihnen passt.

Wohin mit den Zetteln?

Für die Verteilung der Handzettel gibt es verschiedene Möglichkeiten, je nachdem wie Sie Ihre Kunden am besten erreichen können:

- Auslage in den eigenen Räumen und in Einrichtungen, die die Zielgruppe besucht,
- eigene Verteilung in die Briefkästen oder Verteilung über einen Verteilservice,
- Postwurfsendung; dann wird der Handzettel von den Briefträgern in alle Briefkästen eines vorgegebenen Bezirks verteilt.

Wenn Sie selbst einen Aufkleber „Keine Werbung" auf dem Briefkasten haben, ahnen Sie schon, dass ein Handzettel nicht alle Menschen im Verteilgebiet erreichen wird. Dennoch hat er einen Vorteil gegenüber einer Anzeige: Die Menschen müssen ihn anfassen und sei es nur, um ihn auf den Altpapierstapel zu legen. Sie nehmen dabei unbewusst Logo und Namen wahr. Ob sie sich diese merken, steht auf einem anderen Blatt. Das hängt davon ab, ob ihnen der Name bekannt vorkommt, ob ihnen das Logo interessant und neuartig erscheint oder ob sie einen Bezug dazu haben.

Flugblätter können auch dann nützlich sein, wenn Sie Möglichkeiten haben, diese auszulegen. Erkundigen Sie sich in Ihrem Netzwerk, ob jemand bereit ist, die Handzettel in seiner Einrichtung, einer Praxis, einem Restaurant, einer Kita, einem Einzelhandelsgeschäft zu platzieren.

Welche Größe ist passend?

Die Größe des Handzettels richtet sich nach den Verteilmöglichkeiten. Bei professionellen Haushaltsverteilungen sind die Maße oft vorgegeben. Aber auch in Institutionen ist selten Platz für ein DIN A4-Blatt, deshalb haben Handzettel meist ein DIN A5- oder DIN A6-Format – je nach Platz, der für den Inhalt benötigt wird.

Der Inhalt eines Handzettels sollte auf die wichtigsten Informationen beschränkt, zugleich dicht an Ihrem Produkt sein und bei den Lesern am besten ein Aha-Erlebnis hervorrufen. Fügen Sie einen Verbrauchertipp ein oder verweisen Sie auf Ihren Blog, in dem die Kunden Nützliches für ihren Alltag finden.

Die Gestaltung

Bei der Gestaltung sind einige grundsätzliche Dinge wichtig:

- Weniger ist mehr! Beschränken Sie sich auf die wichtigsten Informationen und verzichten Sie auf langatmige Erklärungen.
- Ein Handzettel sollte ins Auge fallen. Wählen Sie plakative Bilder (über deren Rechte Sie verfügen), oder arbeiten Sie

mit Begriffen, die Aufmerksamkeit erzeugen und mit denen die Leser sofort etwas anfangen können.

- Ein Handzettel sollte strukturiert, aber nicht langweilig wirken.

Um mehr Aufmerksamkeit zu erreichen, können Sie ein Gewinnspiel oder einen Coupon für ein Geschenk integrieren. Damit bekommen Sie auch gleichzeitig ein Gefühl dafür, ob Ihr Handzettel überhaupt wahrgenommen wurde.

Das Plakat

Sie planen eine Veranstaltung? Wie wäre es mit einem Plakat, das die wichtigsten Informationen darüber kommuniziert? Wie ein Handzettel beschränkt sich ein Plakat auf die wichtigsten Informationen zu einer Aktion wie Ort, Zeit, Thema, Anlass, Kontaktdaten, ggf. ergänzt um einen Anmeldeschluss. Der Titel der Veranstaltung, die mit dem Plakat angekündigt wird, sollte so gewählt werden, dass jeder versteht, was gemeint ist. Neben dem Text, der von weitem lesbar sein sollte, sind auf einem Plakat Bilder oder Zeichen wichtig, die die Aufmerksamkeit erregen und zum Projekt passen.

Wählen Sie die Einrichtungen, in denen Sie Ihr Plakat aushängen, danach aus, wo sich Ihre Zielgruppe aufhält.

Aber Vorsicht: Plakate darf man nicht einfach überall aufhängen. Holen Sie immer vor dem Plakatieren die Erlaubnis des Betreibers ein. Auch für Plakate an öffentlichen Plätzen ist eine Genehmigung erforderlich, die die Stadt oder Gemeinde erteilen muss.

Die Suche nach Ideen

Über die hier vorgestellten Gelegenheiten hinaus, gibt es je nach Angebot, Umgebung, Ort und Zielgruppe viele weitere Möglichkeiten. Halten Sie bei einem Bummel durch Ihre Stadt die Augen offen, wo Sie Ihre Information gerne platziert sehen möchten. Das können auch Stellen sein, die Ihnen ungewöhnlich vorkommen.

Achten Sie auch beim Blättern in Zeitungen, Zeitschriften und beim Surfen im Internet auf ausgefallene Chancen, sich zu präsentieren.

Beispiel

 Eva Brandecker, Autorin des Sprachkurses „The Grooves", hat sich von einem Hinweis der Bundeskanzlerin, dass sie gerne Französisch lernen möchte, zu einer besonderen Aktion inspirieren lassen. Sie hat ihren Sprachkurs mit einem freundlichen Brief ans Kanzleramt geschickt, über diese Idee gebloggt und sie bei Facebook bekannt gemacht.

Ab sofort sollten Werbung, Broschüren und Programme nicht gleich im Altpapier landen. Schauen Sie sie gleich mit dem Blick auf pfiffige Werbeideen durch oder stapeln Sie sie, bis sie Zeit dazu finden.

Beispiel

 Um zu erfahren, ob und wann sein neues Buch nun wirklich in den Buchhandlungen liegt, hat der Autor Rainer Wekwerth seine Leser über Facebook dazu aufgerufen, ein Foto von sich und dem Buch einzustellen.

Hier sind noch einige Ideen, die mir während der Arbeit an diesem Buch aufgefallen sind:

- Schaukasten oder Schaufenster
- Werbeaufsteller, sog. Kundenstopper oder auch Werbereiter, in der Fußgängerzone
- Aufschrift auf dem Auto
- Veröffentlichung besonders gelungener Fotos in Foto-Communities im Internet
- Teilnahme an Wettbewerben und Ausschreibungen

Beachten Sie, dass alle Selbstmarketing-Aktivitäten zu Ihrem Angebot passen müssen, damit Sie ein einheitliches Bild vermitteln und irgendwann jeder mit Ihrem Namen und/oder Ihrem Logo automatisch Ihre Leistung verbindet.

Recherchieren Sie vor der Umsetzung Ihrer Ideen die rechtlichen Voraussetzungen. Kundenstopper müssen in der Regel beim Ordnungsamt angemeldet werden und sind zum Teil kostenpflichtig. Werbung auf einem Auto kann zur GEZ-Gebührenpflicht führen.

Auf einen Blick: Ihr Know-how in Szene gesetzt

- Kern Ihres Ich-Produkts ist Ihr Know-how. Suchen und schaffen Sie Gelegenheiten, dies Ihren potenziellen Kunden zu präsentieren.

- Wählen Sie Ihre Aktivitäten sorgfältig aus und prüfen Sie, was zu Ihrem Ich-Produkt passt. Nicht alles, was möglich ist, ist auch zwangsläufig für Sie richtig.

- Nutzen Sie Vorträge, Konzerte, Ausstellungen, Lesungen, Kongresse, Tagungen und ähnliche Veranstaltungen, um sich ins Rampenlicht zu bringen.

- Organisieren Sie selbst Veranstaltungen oder suchen Sie Verbündete, um Ihre Kompetenz der Öffentlichkeit zu präsentieren.

- Stellen Sie sich und Ihr Produkt an einem Infostand vor, wenn sich die Gelegenheit bietet.

- Ein Blog im Internet ist für all jene, die gerne schreiben und Freude an Technik haben, eine gute Plattform, um ein breites Publikum zu erreichen.

- Eine Grundregel des Selbstmarketing ist: Es gibt mehr Dinge, mit denen man sich präsentieren kann, als man denkt. Daher heißt es, die Augen und Gedanken zu öffnen für neue Möglichkeiten.

Medienarbeit in eigener Sache

Für Unternehmen ist es selbstverständlich, dafür zu sorgen, dass in den Medien über sie gesprochen wird. Warum sollten Sie auf PR verzichten, wenn Sie etwas zu sagen haben?

In diesem Kapitel lesen Sie,

- wann Sie Medienarbeit machen sollten,
- wie Ihre Presseinformationen ankommen,
- welche Wege das Internet bereithält,
- wie Sie Ihre Fachkompetenz vermitteln,
- warum Interviews eine Chance sind.

Anlässe für Medienkontakte finden

Was nützt die schönste Aktion, wenn sie nicht bekannt wird? Es reicht eben nicht, tolle Ideen zu entwickeln. Wichtig ist auch, sie in die Öffentlichkeit zu bringen. Dafür haben die großen Unternehmen eine PR-, Kommunikations- oder Öffentlichkeitsarbeitsabteilung. Sie sorgt dafür, dass Nachrichten aus dem Unternehmen in die Medien kommen. Wer also möchte, dass seine Aktion bekannt wird, der muss sich selbst also zur PR-Abteilung erklären und die Medienarbeit für sich übernehmen. Für Jobsuchende ist dies nicht so relevant wie für Selbstständige und Freiberufler. Angesichts der veränderten Medienlandschaft lohnt es sich jedoch auch für Bewerber über Medienarbeit nachzudenken. Heute zählt nicht mehr nur das, was in der Zeitung steht oder in Rundfunk und Fernsehen berichtet wird. Ebenso wichtig ist das Internet und das, was in den Suchmaschinen gefunden wird. Und davon können auch Jobsuchende profitieren. Die Medienarbeit geht hier über die eigene Website hinaus. Entscheidend ist, dass es etwas zu berichten gibt.

> Medienarbeit ist heute mehr als Pressearbeit. Zu den Medien gehören Zeitungen, Rundfunk, Fernsehen, aber auch Internetportale, -magazine und Internetkataloge.

Medienarbeit ist ohne einen konkreten Anlass zwar möglich, aber doch sehr schwer und selten wirksam. Es interessiert außerhalb des eigenen Bekanntenkreises niemanden, welches Jackett Sie zum Vorstellungsgespräch anziehen oder ob Sie lieber Rührei oder Spiegelei essen. Ausnahmen bestätigen die Regel: bei Prominenten interessieren sich Menschen und

Medien auch dafür. Aber Celebrities haben meist einen PR-Berater und sind nicht ihre eigene Marketing- und PR-Abteilung.

Berichtenswertes

Dieses Kapitel richtet sich an jene, die ihre eigene PR-Abteilung sind. Da gilt der Grundsatz, dass nur eine echte Nachricht wert ist, kommuniziert zu werden. Solche Nachrichten sind

- Aktionen, die über einen selbst hinausreichen, Beispiel: der Malwettbewerb zum neuen Spielplatz
- Ereignisse, die andere Menschen betreffen, Beispiele: ein Vortrag, eine Lesung oder der Auftrag für die Gestaltung des Jugendhauses
- Angebote mit Servicecharakter, Beispiel: Checkliste, welche Schulform nach der vierten Klasse geeignet ist
- Veränderungen, Beispiele: Umzug, Kooperation mit einem Geschäftspartner, neue Qualifikation
- Auszeichnungen, Beispiele: Design-Preis oder der erste Preis in einem Musikwettbewerb
- Veranstaltungen, die mehr sind als eine Produktpräsentation, Beispiel: eine Rätselrallye auf der Basis eines Kinderromans zu einer bestimmten Stadt
- Veröffentlichungen

Vor dem Versand einer Presseinformation empfiehlt es sich genau zu prüfen, ob es sich um eine Meldung handelt, die für eine Zeitung oder ein anderes Medium relevant ist. Auch wenn für Sie ein neues Angebot enorm wichtig ist, spielt es für Medien selten eine Rolle.

Auswahlkriterien der Presse

Medien erhalten eine Fülle von Meldungen, die natürlich nicht alle in ihrem Format Platz finden. Sie wählen daher sehr genau aus. Bei lokalen Medien spielen dafür vor allem folgende Kriterien eine Rolle:

- der lokale Bezug; er ist das oberste Kriterium; leben Sie in dem Ort, haben Sie Ihre Räume dort oder hat Ihr Angebot mit dem Einzugsgebiet des Mediums zu tun, erwähnen Sie das also unbedingt

- die Bedeutsamkeit der Information für die Menschen im Einzugsgebiet des Mediums; die neue Internetseite eines Organisationsbüros ist unter diesem Blickwinkel eben nicht so wichtig wie die Sperrung einer Straße

- der Bekanntheitsgrad; lokale Prominenz hat es deutlich leichter, auch mit weniger relevanten Nachrichten in die Medien zu kommen, weil die Menschen im Einzugsgebiet interessiert, dass z. B. der örtliche Künstler eine Ausstellung außerhalb seines Ortes hat

Internet-Medien sind bei der Auswahl der Inhalte weniger streng. In eigenen Angeboten wie dem Blog können Sie ohnehin schreiben, was Sie wollen, aber auch viele Internetportale sind dankbar für Inhalte von außen. Diese Chance sollten Sie ergreifen und dort alle Möglichkeiten nutzen, auf

Ihre Aktion hinzuweisen. Je eher Sie sich daran gewöhnen, regelmäßig im Internet über sich zu berichten, umso besser, denn die Zahl der Zeitungsleser ist rückläufig, während das Internet immer mehr Menschen immer häufiger nutzen.

Presseinformationen versenden

Am Beginn der Presseaussendung steht eine Presseinformation. Das Schreiben solcher Infos ist leichter als man denkt. Denn: Sie sind zwar Ihre PR-Abteilung, aber jeder Redakteur, der Ihre Meldung erhält, weiß, dass Sie nur Teilzeit-PRler sind. Sie erwarten keinen perfekten Text. Wenn Sie mit diesem Gedanken an Ihre Presseinformation herangehen, werden Sie ein brauchbares Ergebnis erzielen. Ob eine Presseinformation letztendlich abgedruckt wird oder zu einem Gespräch führt, hängt von vielen weiteren Faktoren ab, nicht nur vom Stil Ihrer Mitteilung.

Beispiel

 Als meine Kurzkrimis als E-Book erschienen, habe ich diese Information nur per E-Mail mit dem Hinweis auf das jeweilige E-Book und den Regionalbezug der Geschichten an einige lokale Medien geschrieben. Ich hatte daraufhin mehrere Interviews, sogar mit Medien, die ich nicht angeschrieben hatte.

Inhalte einer Presseinformation

Auch wenn die Presseinformation eines Nebenbei-Pressereferenten nicht perfekt sein muss, sollte sie doch die wichtigsten Informationen enthalten. Erinnern Sie sich an die W-Fragen, die Sie in der Schule gelernt haben oder die Ihr Kind vielleicht gerade lernt: Was findet wann wo wie und warum statt? Wer ist beteiligt und welche Folgen hat das Ereignis?

Beispiel

 Die einfachste Version einer Presseinformation ist: Am Sonntag, dem ..., findet um ... Uhr im Park in der ...straße ein Sommerfest mit der Musikgruppe ... statt. Frau ... schminkt anlässlich des Welt-Löwentags alle Kinder bis 6 Jahre kostenlos als Löwen.

Wenn Sie diese Information noch mit einer Überschrift versehen, die interessant klingt, wie z.B. „Beim Sommerfest sind die Löwen los", ist die Chance, dass eine Redaktion über eine Ankündigung des Events nachdenkt, sehr hoch. Eine Garantie haben Sie nicht, die hat selbst das größte Unternehmen mit einer riesigen PR-Abteilung nicht. Soll Ihre Presseinformation über die reinen Fakten hinausgehen, können Sie sich an folgenden Punkten orientieren:

- Schreiben Sie nicht in Ich-Form, sondern in der dritten Person und formulieren Sie verständliche, kurze Sätze.

- Verzichten Sie auf Abkürzungen und Fachbegriffe; denken Sie daran, dass jeder sofort wissen muss, was gemeint ist.

- Fassen Sie sich kurz; Ihre Presseinformation sollte höchstens eine Seite mit einem eineinhalbfachen Zeilenabstand umfassen bei einer Schriftgröße von 11 bis 12 Punkt.

- Wählen Sie eine Überschrift, die neugierig macht, und eine Unterzeile, die bereits Fakten enthält, wie z.B. den Termin oder den Ort.

- Wecken Sie mit einem Einleitungssatz die Neugier, das kann ein ausgefallenes Datum wie der 11.11. sein, aber auch der Anlass der Presseinformation; das gilt vor allem bei einem aktuellen Bezug, einem Preis, einer Veranstaltung oder der Aktion zu einem Gedenktag.

- Verpacken Sie die Fakten in zwei bis drei leicht lesbare Sätze.

- Ergänzen Sie ein Zitat, in dem Sie Ihre Motivation erklären. Wichtig: Schreiben Sie nicht: „meine ich", sondern „erklärt Herr/Frau ..., selbst Künstler ...". In ein solches Zitat können Sie gut Ihren Slogan oder Ihre Berufsbezeichnung unterbringen.

- Schließen Sie die Presseinformation mit einem Hinweis, wo Interessierte weitere Informationen bekommen können.

- Stellen Sie sich und Ihr Angebot am Ende kurz vor, alles weiterhin in der 3. Person. Wundern Sie sich nicht, wenn diese Information später nirgends in den Medien auftaucht. Sie dient vor allem dazu, dass die Redakteure Sie gleich einordnen können.

- Vergessen Sie nicht das Datum Ihrer Meldung, den Absender und eine Telefonnummer für Rückfragen. Idealerweise nutzen Sie für die Presseinformation Ihre Briefvorlage oder Sie ergänzen die E-Mail um Ihre Signatur.

Aufbau eines Medienverteilers

Um Ihre ohnehin begrenzte Zeit effektiv zu nutzen, sollten Sie sich für Ihre PR einen Medienverteiler aufbauen und diesen nach Bedarf erweitern. Recherchieren Sie dazu auf der Internetseite Ihres Ortes oder der Orte in Ihrem Einzugsgebiet. Häufig finden Sie dort auf den Seiten des Amtes für Öffentlichkeitsarbeit den Medienverteiler. Sie müssen nichts anderes tun, als daraus einen Adress- oder Mail-Verteiler zu erstellen. Alternativ oder ergänzend finden Sie Medien dadurch, dass Sie in einer Suchmaschine „Medien" und den Namen des gewünschten Ortes angeben. Erscheint Ihnen das noch immer zu wenig, erkundigen Sie sich bei Freunden, welche Medien sie kennen. Haben Sie Kontakt mit einem Journalisten oder Redakteur, ergänzen Sie Ihre Liste um seine Adressdaten, damit er zukünftig ebenfalls informiert wird.

Versand einer Presseinformation

Früher wurden Presseinformationen grundsätzlich per Post oder per Fax verschickt. Das hat sich in den letzten Jahren geändert. Heute sind auch Presseinformationen per E-Mail denkbar. Dieser Versand hat den Vorteil, dass er kostengünstig und weniger aufwendig ist. Dem steht ein wesentlicher Nachteil gegenüber: E-Mails sind schnell gelöscht. Ein Faxblatt oder einen Brief muss zumindest jemand in die Hand nehmen. Dabei fällt der Blick auf das Logo, den Namen oder die Überschrift. Welche Methode sinnvoll ist, lässt sich nicht grundsätzlich sagen, weil auch die Arbeitsweise des Einzelnen eine große Rolle spielt. Am besten rufen Sie nach Versand der ersten Presseinformation in der Redaktion an und erkundigen sich, ob die Vorgehensweise richtig war. So kommen Sie gleich ins Gespräch und mit ein bisschen Glück beschäftigt sich die Redaktion mit Ihrer Nachricht.

Daran, ob es sinnvoll ist, Redaktionen telefonisch zu informieren oder lieber eine Nachricht zu schicken, scheiden sich die Geister. Das ist abhängig vom Einzelnen – sowohl von demjenigen, der die Presseinformation versendet, als auch vom Redakteur. Hier ist Fingerspitzengefühl gefragt, schließlich möchten Sie nicht aufdringlich wirken. Auch die Art des Medienkontaktes sollte zu Ihrem Ich-Produkt passen.

Beispiel

 Birte Vogel setzt die Pressearbeit gezielt ein, je nachdem, welches Ihrer Produkte sie kommunizieren möchte. Um als freie Journalistin Kunden zu gewinnen, verzichtet sie auf Pressemitteilungen. Für ihr Buch „Hannover persönlich" hat sie jedoch eine Information an die Presse verschickt und die Medien persönlich kontaktiert. Mit dem Ergebnis, dass alle wichtigen Zeitungen und Stadtmagazine in der Region über sie und ihr Buch berichtet haben.

Online-Presseportale

Das Internet hat auch die Pressearbeit verändert. Zwar gilt es weiterhin, einen Mailverteiler aufzubauen und zu beliefern, darüber hinaus gibt es jedoch Presseportale, über die Presseinformationen veröffentlicht und verteilt werden können. Zwei verschiedene Modelle stehen zur Auswahl:

- Portale, in denen jeder seine Presseinformation kostenfrei einstellen kann; gegen einen Aufpreis wird teilweise eine Bearbeitung oder aktive Verbreitung der Nachricht übernommen, z.B. www.presseanzeiger.de

- Portale, die gegen eine Gebühr die Verteilung an andere Portale oder Medien übernehmen, z.B. www.pr-gateway.de

- Portale lokaler Medien, z.B. www.lokalkompass.de

Sie können die Informationen nach einer Registrierung dort einstellen, mit Stichworten und ggf. einem Bild versehen. Ob die Presse dann letztendlich auf diese Meldungen zurück-greift, hängt vom Inhalt und vom Medium ab. Auch manche Fachportale verlinken jedoch auf solche Meldungen und auch für den Stichwort-Dienst von Google (Google Alert) werden diese Portale zum Teil ausgewertet. Wenn Sie sich also schon die Mühe gemacht haben, sollten Sie diese Chance nutzen.

Meldungen via Twitter

Twitter war ursprünglich eine Plattform, über die kurze Neuigkeiten und Nachrichten kommuniziert wurden. Inzwi-schen hat nur noch ein Teil dessen, was dort verteilt wird, echten Informationswert. Dennoch nutzen Medien diesen Weg, um Material für sich zu sammeln. Doch wie schaffen Sie es, dass man dort auch Ihren Beitrag wahrnimmt? Dafür gibt es zwei kleine Tricks:

- Fügen Sie Ihrer Kurzmeldung die Twitter-Adresse des Me-diums hinzu, dann wird der Inhaber der Adresse benach-richtigt, dass er erwähnt wurde.

- Markieren Sie die Schlagworte mit einem Raute-Zeichen (#), dann finden alle, die nach diesem Schlagwort suchen, Ihren Tweet schneller bzw. werden darüber informiert, dass es Neues zu dem Thema gibt.

Aber Vorsicht: Nutzen Sie diese Möglichkeiten nur bei wichtigen Nachrichten, die den oben beschriebenen Kriterien entsprechen. Sie laufen sonst Gefahr, dass Sie Twitterer non grata, also unerwünschter Twitterer, werden.

Auswertung Ihrer Medienpräsenz

Die meisten Unternehmen abonnieren einen Ausschnittdienst, der die Medien beobachtet und analysiert, um zu erfahren, ob und wo ihre Pressemeldung veröffentlicht wurde. Ein solcher Dienst lohnt sich für Einzelpersonen kaum. Bitten Sie stattdessen Ihre Familie, Freunde und Kunden die Augen auf zu halten und Ihnen Artikel über Sie mitzubringen. Vielleicht bieten Sie sogar eine kleine Prämie in Form eines Rabatts an. Das motiviert Ihr Umfeld zusätzlich, genau zu lesen und hinzuhören.

In jedem Fall sollten Sie ein sog. Google Alert (http://www.google.de/alerts) mit Ihrem Namen und Ihrer Firmenbezeichnung einrichten. Auf diese Weise bekommen Sie mit, was über Sie im Internet und in den Medien, die Google News erfasst, geschrieben wird. Das Alert eignet sich übrigens auch für die Beobachtung des Wettbewerbs. Geben Sie als Suchbegriff die Namen der Wettbewerber, Ihrer Branche oder Ihrer Leistungen ein. So entgeht Ihnen auch in Stresszeiten nichts, was gerade in Ihrem Arbeitsschwerpunkt diskutiert wird.

Internetplattformen gezielt nutzen

Das Internet gewinnt eine immer größere Bedeutung bei der Suche nach Aufträgen, Jobs und Mitarbeitern. Das Angebot im Internet ist unüberschaubar, sodass Themen- und Zielgruppenportale, Branchenbücher und Suchmaschinen eine wichtige Lotsenfunktion haben. Diese Seiten können Nutzer jedoch nur zu Ihnen führen, wenn sie wissen, was Sie können, wofür Sie stehen und unter welchen Begriffen Sie gefunden werden möchten. Je öfter Sie in Branchenbüchern oder Portalen auftauchen, umso mehr wächst die Chance, dass die Suchmaschinen Sie an den Anfang der Suchergebnislisten schieben.

Einträge in Branchenbücher

Branchenbücher im Internet funktionieren ähnlich wie die klassischen Gelben Seiten, die neben vielen anderen Telefonbüchern auch im Internet vertreten sind. Der Vorteil der meisten Branchenbücher ist, dass ein Basiseintrag kostenlos möglich ist und dieser über die Adresse und Telefonnummer hinausgeht. Meist ist es möglich, zumindest einige Stichworte über sich oder das Unternehmen einzugeben oder auch eine kleine Selbstdarstellung zu veröffentlichen. Es lohnt sich, einen Basistext in einem Textverarbeitungsprogramm vorzubereiten, ihn Korrektur zu lesen und in die Anmeldeformulare zu kopieren. Das spart nicht nur Arbeit, so stellen Sie auch sicher, dass Sie beim Tippen keine Fehler einbauen. Eine Liste der Schlagworte, unter denen Sie gefunden werden möchten, ist dort ebenfalls hilfreich, gerade dann, wenn Ihre

Internetseite neu ist und Sie sich in vielen Seiten und Katalogen eintragen möchten. Entscheiden Sie, ausgehend von Ihrem Markenkern, mit welchen Portalen oder Branchenbüchern Sie beginnen möchten. Grob lassen sich folgende Formen unterscheiden:

- Informationsportale einer Branche, in denen nur Anbieter aus einer Berufsgruppe oder einem Arbeitsbereich zu finden sind, wie z.B. www.texter.de für Texter. Häufig bieten Berufsverbände solche Portale an,

- Kataloge mit Adressen aller Branchen, die allerdings nach Branchen gefiltert werden können, wie z.B. www.hotfrog.de,

- Bewertungsplattformen mit Adressen aller Branchen und der Möglichkeit, sich bewerten zu lassen, wie z.B. www.qype.com.

- Bewerbungsportale wie www.monster.de, in denen Sie sich mit Ihrem Lebenslauf und Profil präsentieren können.

Am besten finden Sie Internetportale, die für Sie relevant sind, wenn Sie Ihre Leistungen einzeln jeweils verbunden mit dem Ortsnamen in eine Suchmaschine eingeben. In den Suchergebnissen finden Sie viele Kataloge und Portale, die auch für Sie interessant sind.

Fachforen

Auch im Internet können Sie sich einen Namen machen, und zwar, indem Sie kompetent mit Ihrem Know-how auftreten. Nutzen Sie Fachforen oder Fachkataloge, um dort Fragen zu

beantworten oder Artikel zu schreiben. Wenn es keine Fach-
foren mit einem Schwerpunkt in Ihrem Arbeitsfeld gibt,
schauen Sie sich in anderen Communities um, ob dort womöglich Fragen offen bleiben, auf die Sie leicht antworten
könnten. Beispiele für solche übergreifenden Communities
sind www.cosmiq.de, www.wer-weiss-was.de, www.gute-fra-
ge.de.

Auch die Beteiligung in Foren von Fachzeitschriften oder
Fachportalen führt oft zur gewünschten Bekanntheit. Viele
Beiträge werden dort nicht nur von den Community-Mitglie-
dern gelesen, sondern auch über die Suchmaschinen verbreitet.

Übung: Lernen Sie Foren kennen

Gönnen Sie sich eine Surfstunde und machen Sie sich damit
vertraut, was in Foren aus Ihrem Arbeitsbereich gepostet
wird. So bekommen Sie ein Gefühl für die Kommunikation
dort und die Zielgruppe.

Weniger ist übrigens auch hier mehr; sonst kommen Sie
kaum noch dazu, Ihre Hauptarbeit zu bewältigen.

Mit Fachbeiträgen Kompetenz vermitteln

Die eigene Kompetenz lässt sich nicht immer in einem persönlichen Gespräch darstellen. Schließlich kann niemand
ständig unterwegs sein, Menschen ansprechen und sie unge-

fragt mit seinem Wissen belästigen. Da ist es besser, sich dort zu präsentieren, wo das Know-how nachgefragt wird. Heute wird verstärkt im Internet nach Hinweisen und praktischen Tipps zu einem Thema gesucht. Darüber hinaus stehen Zeitungen, Zeitschriften und Ratgeber noch immer hoch im Kurs. Wem es gelingt, Fachartikel oder Fachbücher zu veröffentlichen, der hat eine gute Chance, auf seinem Gebiet als kompetent wahrgenommen zu werden.

Nun ist Schreiben nicht jedermanns Sache. Es gibt hierzu jedoch auch Varianten, die einem vielleicht mehr liegen. Wenn Sie einen Blick in Videoplattformen wie YouTube werfen, finden Sie Videobeiträge zu fast jedem Sachthema. Auch Podcasts sind eine gute Möglichkeit für all jene, die nicht gerne schreiben, sich als Experte zu platzieren.

Beispiel

 Die Autorin Petra A. Bauer hat einen speziellen YouTube-Channel rund um ihr Steckenpferd, den Bauerngarten, eröffnet. Als „Bauerngartenfee" erklärt sie in verschiedenen Tutorials, was man rund um einen Bauerngarten wissen sollte und wissen kann.

Der Fachartikel

Das klassische Instrument, Fachkompetenz zu beweisen, ist derzeit noch der Artikel in einer Fach- oder Publikumszeitschrift, im Anzeigenblatt und im Internet. Während Zeitschriften in aller Regel ihre Artikel von Profitextern verfassen lassen, sind Internetportale und Anzeigenblätter auch offen für Experten, die bereit sind, einen Fachbeitrag zu schreiben. Nicht immer wird für solche Beiträge ein Honorar gezahlt.

Dann müssen Sie für sich entscheiden, ob Ihnen der Marketingeffekt die Zeit wert ist oder nicht. Folgende Fragen helfen Ihnen dabei:

- Wie zeitaufwendig ist der Artikel für Sie? Rechnen Sie das Schreiben in Arbeitszeit und Stundenhonorar um. Vergleichen Sie diese Kosten mit anderen Marketingaufwendungen. So können Sie einschätzen, ob sich die Arbeit lohnt.

- Was bringt Ihnen der Artikel? Welches Ansehen hat das Medium in Ihrer Zielgruppe und in Ihrer Branche? Können Sie den Artikel über das Medium hinaus einsetzen, z.B. verlinken, in Communities posten, den Artikel oder die Zeitschrift auslegen oder der Präsentationsmappe beilegen? Wird Ihr Name oder Firmenname erwähnt und auf Ihre Homepage verwiesen?

Falls Sie sich für einen solchen Artikel entscheiden, klären Sie unbedingt vorab, welcher Umfang und welcher Stil gewünscht sind. Am besten lassen Sie sich einen Mustertext schicken, damit gleich klar ist, ob und wie Sie sich selbst herausstellen dürfen. Manche Medien bevorzugen es, wenn in Ich-Form geschrieben wird, andere möchten bewusst einen neutralen Schreibstil, der objektiv wirkt. Wichtig ist, dass Sie beim Schreiben immer den Leser vor Augen haben. Denken Sie an sich selbst: Welche Artikel lesen Sie gerne, die mit langen verschachtelten Sätzen und vielen unbekannten Fachbegriffen oder die mit kurzen Sätzen und verständlichen Beispielen? Mit folgenden Tricks bekommen Sie auch als Nicht-Texter einen lesbaren Fachbeitrag hin:

- Erklären Sie am Anfang möglichst praktisch, um welches Thema es geht und nutzen Sie aktuelle Aufhänger, so es sie gibt. Beispiel: „Immer mehr Menschen fühlen sich ausgebrannt. Eine aktuelle Studie hat gezeigt, dass die Nachfrage nach Beratung zur Vorbeugung von Burnout steigt stetig an."

- Schreiben Sie in kurzen Sätzen und Nebensätzen. Richten Sie Ihre Textvorlage so ein, dass Breite und Schriftgröße dem später veröffentlichten Text entsprechen. So sehen Sie gleich, wenn ein Satz zu lang wird und über zwei oder mehr Zeilen geht.

- Verzichten Sie auf Fachbegriffe und Fremdwörter, es sei denn, Sie schreiben für ein Fachmagazin und können davon ausgehen, dass die Leser Sie verstehen.

- Bauen Sie einen Mehrwert für den Leser ein, einen Tipp, den er umsetzen oder weitergeben kann, einen Buch- oder Linkhinweis zur weiteren Information. In Absprache mit der Redaktion kann das auch ein Hinweis auf Ihre Website oder Ihr Buch sein.

- Verweisen Sie im Text auf Studien oder Experten, vor allem, wenn Sie Thesen vertreten, die kontrovers gesehen werden können. Sie wollen ja nicht all jene, die anderer Meinung sind, verschrecken.

Video- und Tonbeiträge

Jeder Mensch hat seine Schwerpunkte und Talente. Während der eine einen komplexen Sachverhalt gut in einem Artikel darstellen kann, kann der andere genau das gleiche besser an einem Beispiel mündlich erklären. So z. B. in einem Video oder Hörbeitrag, die ganz einfach über Videoplattformen wie You-Tube publik gemacht werden können.

Nutzen Sie die Stärken und Chancen, die die heutige Technik bietet. Diktiergeräte und Video-Kameras sind schon für wenig Geld erhältlich. Fast jede digitale Fotokamera kann inzwischen auch Videos aufzeichnen, so wie ein Smartphone meist eine Ton-Aufnahmefunktion hat. Für ein kleines Video oder einen Hörbeitrag, die Ihr Know-how wiedergeben, reicht die Aufnahmequalität auf jeden Fall aus.

Beispiel

 Für Marie-Luise Dingler vom Duo The Twiolins sind Videos auf YouTube ein wichtiger Baustein, um sich bekannt zu machen. Zusammen mit ihrem Bruder produziert und schneidet sie die Videos selbst und sorgt damit für immer neue Inhalte in ihrem YouTube-Channel.

Sie benötigen für ein Video nur ein Thema aus Ihrem Arbeitsbereich, eine Kamera und möglichst jemanden, der sie an- und ausschaltet, damit Sie den Beitrag nachher nicht noch lange schneiden müssen. Wenn Sie dann noch auf die folgenden Kleinigkeiten achten, steht einem guten Vortrag nichts mehr im Weg.

- Beschränken Sie sich auf ein Thema und versuchen Sie nicht, alles in einem Beitrag unterzubringen. Das Video sollte höchstens drei Minuten dauern.

- Kommen Sie gleich zum Thema und verzichten Sie auf eine ausführliche Selbstdarstellung. Wenn Sie durch Ihre Informationen überzeugen, werden die Zuschauer von selbst mehr über Sie in Erfahrung bringen wollen.

- Wählen Sie Outfit und Hintergrund passend zu Ihrem Ich-Produkt aus; als Gartengestalter empfiehlt sich ein Garten, für einen Anwalt dagegen eine schöne Bibliothek mit juristischen Fachbüchern.

- Achten Sie darauf, dass auch Bildführung und Bewegung zu Ihnen passen. Rasche Zooms und Kamerabewegungen strahlen Dynamik, aber auch Hektik aus, während eine Standeinstellung zwar Ruhe vermittelt, aber auch langweilig wirken kann.

- Sprechen Sie deutlich, nicht zu schnell und vor allem in Richtung des Mikrofons. Was nützt Ihr bestes Knowhow, wenn die Zuschauer nur die Hälfte verstehen?

- Berücksichtigen Sie die Rechte, die für Videos gelten. Nehmen Sie andere Personen nicht ohne deren Zustimmung auf. Verwenden Sie keine Musik und keine Bilder oder Markenabbildungen, an denen andere die Rechten haben.

Richten Sie einen Channel bei YouTube oder auf einem anderen Videoportal ein. Laden Sie das Video hoch und achten Sie darauf, dass die Datei nicht zu groß ist, damit die Ladezeiten nicht zu lang sind. Nun brauchen Sie nur noch Ihre Kontakte in allen Netzwerken über den Beitrag zu informieren.

Beispiel

Nessa Altura hat sich Unterstützung bei der Erstellung von Videos zu ihrem Buch geholt. Sie hat Schüler einer elften Klasse gebeten, kleine Filme zu ihren Kurzgeschichten zu drehen und anschließend mit Film und Buch eine virtuelle Buchtournee durch verschiedene Blogs gemacht.

Ein Hörbeitrag ist noch leichter zu realisieren. Den Beitrag sollten Sie für YouTube mit einem Bild versehen, das einen Bezug zum Inhalt hat, damit die Zuschauer nicht auf ein schwarzes Feld schauen.

Übung: Recherchieren Sie bei YouTube

Geben Sie bei YouTube Ihre Leistungen und Schwerpunkte als Stichworte ein und schauen Sie sich einige der Ergebnis-Videos an. Lassen Sie sich davon für Ihren Beitrag inspirieren. Nachmachen gilt nicht, aber besser machen ist immer erlaubt.

Ihr eigenes Buch

Je nach Ich-Produkt ist ein eigenes Buch eine gute Chance, sein Know-how zu kommunizieren. Auf den ersten Blick mag es so erscheinen, als käme diese Möglichkeit nur für Texter in Frage. Für andere Professionen ist die eigene Veröffentlichung jedoch nur eine Frage der Kreativität und des Ehrgeizes. Eine Rezeptsammlung oder eine Sammlung von Strickmustern ist auch in Buchform möglich und kann ein wunderbares Aushängeschild für ein Restaurant, einen Koch oder ein Handarbeitsstudio sein. Denken Sie von Ihren Schwerpunkten und den Interessen Ihrer möglichen Kunden aus. Sie beraten Berufsanfänger und Sie wissen, dass diese immer auf der Suche nach Anregungen für Bewerbungsschreiben sind? Wie wäre es mit einer Sammlung von Mustertexten für verschiedene Branchen? Ein Buch muss heute nicht mehr zwangsläufig in einem Verlag veröffentlicht werden. Dank Print on demand-Verfahren und E-Publishing kann jeder sein Buch ohne großen finanziellen Aufwand veröffentlichen.

Zusammenarbeit mit einem Verlag

Für ein Buch in einem Verlag ist wichtig, dass Sie ein Thema finden, das zu Ihrem Ich-Produkt passt und zu dem es im besten Fall noch keine Veröffentlichung gibt oder das gerade heiß diskutiert wird. Vor allem müssen Sie schreiben können und einen langen Atem haben. Von einer Idee bis zum fertigen Buch kann es bei einem Verlagsprodukt durchaus zwei Jahre dauern. Also eher kein Marketinginstrument für Einsteiger, die sofort Bekanntheit erlangen möchten, aber für all jene mit einem langfristigen Ziel eine Chance, sich in einem Themenbereich einen Namen zu machen.

Beispiel

Die Juristin und Journalistin Eva Engelken hat ihren Start in die Selbstständigkeit mit dem Buch „Klartext für Anwälte" begonnen. Sie hat sich damit bei ihrer Kernzielgruppe, den Anwälten, bekannt gemacht und als PR-Beraterin für Anwaltskanzleien empfohlen.

Print on Demand

Ein selbstverlegtes Buch bei einem Print on demand-Anbieter ist deutlich schneller zu realisieren, vorausgesetzt, das Manuskript ist schon fertig. Bei diesem Verfahren werden die Bücher nicht im Voraus, sondern auf Anforderung gedruckt, also immer dann, wenn eines bestellt wird. Der Nachteil ist, dass diese Bücher häufig nicht im Buchhandel liegen und auch niemand außer Ihnen Werbung dafür macht. Der Vorteil ist, dass Sie unabhängig von einem Verlag sind.

E-Books

Auch für E-Publishing, das Erstellen eines E-Books, also eines digitalen Buches, ist ein fertiges Manuskript nötig. Dieses kann jedoch in kurzer Zeit auf einer der E-Publishing-Plattformen wie www.epubli.de oder www.neobooks.com hochgeladen und publiziert werden. Diesem Vorteil steht der Nachteil gegenüber, dass das Buch nicht gedruckt vorliegt und wie andere selbst publizierte Bücher die Werbung bei einem selbst liegt. Das Problem der fehlenden Druckwerke erledigt sich jedoch gerade, da einige Anbieter parallel zum E-Book bereits eine Print-on-demand-Möglichkeit anbieten.

Am Anfang steht das Manuskript

Am Anfang eines jeden Buches steht trotz allem ein Manuskript, ob das nun aus Rezepten, Anleitungen oder einem Informationstext besteht. Prüfen Sie genau, ob Sie ausreichend Material haben und ob Sie genügend Zeit für das Buch haben. Vor allem aber sollten Sie darüber nachdenken, ob ein

Buch überhaupt das Medium ist, das Ihre Zielgruppe nutzt. Möglicherweise ist ein Blog, das Sie immer dann, wenn Sie Zeit haben, mit Inhalt füllen, für Sie und Ihre Zielgruppe viel passender als ein Buch.

Als Experte in Funk und Fernsehen

Reporter und Moderatoren können nicht alles wissen. Außerdem wären Medien langweilig, wenn stets der gleiche Mensch zu Wort käme. Menschen mit Know-how sind daher in Funk und Fernsehen immer gefragt. Medien sind daher immer auf der Suche nach Experten, die bereit sind, vor Kamera oder Mikrofon oder auch in einer Kolumne in Zeitung, Zeitschrift oder Anzeigenmagazin Fragen zu beantworten oder Tipps zu geben. Nun ist die Chance gering, dass eine große Talksendung auf eine Yogalehrerin zukommt und sie ins Fernsehen einlädt. Wenn es dazu natürlich auch wie immer Ausnahmen gibt: Interessant sind für Sie ohnehin vermutlich eher die lokalen Medien. In vielen Orten gibt es lokale Rundfunksender, die immer froh darüber sind, wenn sie ihren Expertenpool erweitern können.

Das Interview

Informieren Sie die Medien vor Ort darüber, dass es Sie gibt und dass Sie gerne als Experte und Interviewpartner zu Ihren Themen zur Verfügung stehen. Am besten schicken Sie eine E-Mail mit Ihren Schwerpunkten an die Redaktion. Das führt selten schon am nächsten Tag zu einem Interview, aber immerhin sind Sie für den Ernstfall in der Redaktion bekannt.

Ihnen wird schon schlecht, bei der Vorstellung, dass Sie ins Mikrofon sprechen müssen? Da befinden Sie sich in guter Gesellschaft. Wie so vieles ist auch das eine Frage der Gewöhnung. Selbst bei den Profis sind Versprecher an der Tagesordnung. Achten Sie einmal darauf; das nimmt Ihnen die Angst vor einem Interview. Und mit ein paar kleinen Kniffen meistern auch Sie diese Situation:

- Niemand erwartet von Ihnen einen perfekten Auftritt, denn jeder weiß, dass Sie interviewt werden, weil Sie gut in Ihrem Beruf sind und nicht, weil Sie Profisprecher sind.

- Gehen Sie mit dem Interviewer die Fragen vorab durch und machen Sie sich Stichworte für Antworten. Aber: Formulieren Sie keinesfalls Antworten aus. Eine vorgelesene Antwort klingt unprofessionell. Vor allem erhöht sich die Gefahr, dass Sie sich verheddern, weil Sie etwas nicht lesen können oder plötzlich doch etwas anderes sagen möchten.

- Sprechen Sie verständlich und nicht zu schnell und stellen Sie sich das Interview als Gespräch vor. Denken Sie nicht darüber nach, dass es gesendet wird.

- Wählen Sie für ein Fernsehinterview Kleidung, die zu Ihrem Ich-Produkt passt und in der Sie sich wohlfühlen. Sonst zupfen Sie die ganze Zeit an sich herum, was nicht sehr professionell wirkt.

- Bleiben Sie auch gelassen, wenn Sie sich verhaspeln. Sie wollen als Mensch rüberkommen und nicht als Automat. Da gibt es eben auch Versprecher.

Die Kolumne für Zeitung oder Anzeigenblatt

Viele Zeitungen und Anzeigenblätter haben wiederkehrende Ratgeberseiten, die sie mit Pressemeldungen oder eigenen Rechercheberichten bestücken. Hier würden Sie mit Ihrem Know-how doch gut als Experte passen. Sie könnten regelmäßig Tipps geben, als Allergieberaterin z. B über aktuelle Allergene informieren, und beide Seiten hätten etwas davon.

Beispiel

 Manchmal kommt man auf ungewöhnlichem Weg zu einer regelmäßigen Kolumne. Der Fall der Mode-Bloggerin Susanne Ackstaller ist sicher eine Ausnahme, aber ein Beispiel dafür, dass es sich lohnt, ständig zu beobachten, was sich im Arbeitsschwerpunkt tut. So fiel ihr auf, dass in der Modekolumne der „Welt" viele Textstellen mit einem ihrer Blogbeiträge identisch waren. Sie prangerte das Plagiat öffentlich an und erreichte nicht nur, dass der kopierte Beitrag gelöscht wurde, sondern auch, dass die Redaktion auf sie aufmerksam wurde und sie für eine Modekolumne engagierte.

Ob Printmedien ein solches Angebot annehmen, ist natürlich nicht vorhersehbar. Allerdings ist es einen Versuch wert, sich im Gespräch oder in einer E-Mail als Experte für eine regelmäßige Kolumne anzubieten. Vorausgesetzt, Sie können und möchten schreiben. Wenn nicht, lassen Sie es lieber und suchen Sie sich andere Wege, um Ihre Kompetenz zu präsentieren.

Es gibt viele Wege, Fachkompetenz in den Medien zu dokumentieren. Jeder muss die Möglichkeit finden und nutzen, die zu ihm und seinem Ich-Produkt passt und die er realisieren kann. Da ist ein Blick auf die Ausstattung, wie sie im Kapitel „Die Entdeckung des Produkts ‚Ich'" skizziert wurde, sinnvoll.

Auf einen Blick: Medienarbeit in eigener Sache

- Medien spielen in der heutigen Zeit im Leben aller eine große Rolle.

- Medienarbeit ist mehr als der Versand einer Presseinformation an die örtliche Zeitung. Gerade das Internet mit seinen Möglichkeiten gewinnt für die eigene PR immer mehr an Bedeutung.

- Bei jeglicher Form der Medienarbeit ist entscheidend, dass sie zum Ich-Produkt und Ihren Fähigkeiten und Vorlieben passt.

- Suchen Sie Möglichkeiten, sich als Experte zu positionieren, ob mit einem eigenen Buch oder einer Kolumne im Anzeigenblatt, einem Video-Beitrag in YouTube oder einem Interview im Lokalrundfunk.

Kontakte nutzen und ausbauen

Je mehr vergleichbare Produkte es gibt, umso schwerer wird die Auswahl und umso eher verlässt man sich darauf, wen Bekannte empfehlen. Das ist auch Ihre Chance.

In diesem Kapitel erfahren Sie,

- warum Freunde doppelt wertvoll sind,
- wie Sie die sozialen Netzwerke im Internet nutzen,
- wie Sie Ihre Kontakte pflegen können,
- weshalb von Kooperationen alle profitieren.

Persönliche Netzwerke pflegen

Empfehlungsmarketing heißt das Zauberwort, das durch die Marketingabteilungen geistert. Studien haben gezeigt, dass gerade im Dienstleistungsbereich Kunden sich häufig auf Grund einer Empfehlung entscheiden. Und auch bei der Jobsuche sind „Beziehungen", das berühmte Vitamin B, hilfreich. Waren es zur Zeit meiner ersten Jobsuche noch die Eltern, die zu einem Praktikums- oder Arbeitsplatz verhalfen, sind es heute auch Kontakte aus realen und virtuellen Netzwerken, die neue Job- und Auftragschancen eröffnen.

Warum wirken Empfehlungen häufig besser als die tollsten Flyer oder Bewerbungsunterlagen? In einer Zeit voll von erdrückenden Angeboten und meterhohen Bewerbungsstapeln fällt es schwer, sich zu entscheiden. Da ist es leichter, sich auf das Urteil eines vertrauenswürdigen Menschen zu verlassen, der aus eigener Erfahrung spricht oder über Erfahrungen von anderen berichten kann, die für ihn vertrauenswürdig sind.

Warum Kontakte wichtig sind

Damit kein falscher Eindruck entsteht: Persönliche Netzwerke helfen im Beruf nicht nur dabei, Kunden oder einen Job zu gewinnen. Das ist nur die eine Seite. Ein Netzwerk ist wie der Name schon sagt, ein Netz, das Sie auffängt im positiven wie im negativen Sinn. Die Menschen aus Ihrem Netzwerk geben Ihnen Sicherheit und Bodenhaftung und stehen in jeder Lebenslage mit Rat und Tat oder Unterstützung zur Seite.

In einem guten Netzwerk finden Sie für jede offene Frage einen Experten. Ihre Kontakte sind quasi alle Telefon-Joker, wenn Sie nicht weiterkommen – ob das nun bei der Jobsuche oder bei der Umsetzung eines Kundenauftrags ist oder als Service für Ihren Kunden, wenn Sie ihm nicht helfen können. Hier wirkt es souverän, wenn Sie an einen Experten verweisen können. Netzwerken bedeutet nämlich nicht, darauf zu warten, dass einem jemand anders hilft, sondern dass man sich gegenseitig unterstützt. Wenn Sie einen Netzwerkpartner empfehlen, stehen Sie gut dar, und Ihr Netzwerkpartner wiederum gewinnt einen neuen Kontakt oder Kunden.

In Kontakt bleiben

Netzwerken bedeutet nicht nur, neue Kontakte aufzubauen, sondern auch die vorhandenen zu pflegen. Dazu müssen Sie nicht täglich telefonieren, es reicht auch,

- bei einem zufälligen Treffen nachzufragen, was aus einem Projekt oder einem Problem geworden ist, über das Sie sich zuletzt ausgetauscht haben

- an den Geburtstag zu denken und eine SMS, E-Mail oder Facebook-Nachricht zu schicken (Online-Netzwerke erinnern ihre Mitglieder sogar an die Geburtstage ihrer Kontakte und machen Ihnen dies besonders leicht)

- gelegentlich eine Nachricht mit einer Info zum Herzensthema der Kontakte zu schicken (denken Sie bei einer Information oder einer Internetseite, die Ihnen interessant erscheint, daran, dass diese auch für einen Ihrer Bekannten relevant sein könnte und schicken Sie ihm eine E-Mail)

- die Anfragen von Kontakten nach einer Gefälligkeit ernst zu nehmen und zu versuchen, sie umzusetzen (nicht immer müssen Sie alles selbst machen, oft reicht es, einen Tipp oder eine Empfehlung zu geben)

- sich mit einem Weihnachts-, Neujahrs- oder Ostergruß nach dem Befinden zu erkundigen

- auf Neuigkeiten des Kontakts zu reagieren (ein neuer Job, ein Umzug, hier lohnt sich ein gelegentlicher Blick in die Statusmeldungen in den sozialen Netzwerken)

Neue Kontakte knüpfen

Nicht nur, aber auch mit Blick auf Ihre beruflichen Ziele ist es wichtig, neue Kontakte zu knüpfen. Jeder Austausch mit anderen Menschen erweitert Ihren Horizont und eröffnet Ihnen neue Welten und Möglichkeiten. Das gilt nicht nur beruflich, sondern auch privat. Menschen entwickeln sich weiter. Wenn Sie Ihren Freundeskreis anschauen, werden Sie sehen, dass Sie zu manchen alten Freunden kaum noch Kontakt haben, dafür aber viel mit neuen Freunden unternehmen. Menschen wachsen nicht nur aus der Kleidung, dem Auto und den Möbeln heraus, sondern mitunter auch aus Beziehungen.

Für Ihre berufliche Weiterentwicklung ist es sogar zwingend notwendig, dass Sie immer neue Beziehungen aufbauen und sich auf unbekannte Menschen einlassen. Wie sonst sollten Sie Kunden gewinnen oder in einem neuen Job die Probezeit überstehen?

Interessante Kontakte begegnen einem immer und überall. Nutzen Sie die Gelegenheiten, die sich Ihnen bieten, um Kontakte zu schaffen – privat und beruflich:

- Begegnungen bei Freunden, in der Familie und bei privaten Aktivitäten als Eltern oder im Ehrenamt

- Netzwerktreffen der Branche oder der Region

- Kongresse, Tagungen und andere berufliche Veranstaltungen

Beispiel

 Eine Texterin erzählte, dass sie bei dem Sommerfest im Kindergarten zufällig mit einer anderen Mutter ins Gespräch kam und sich daraus jetzt eine langfristige berufliche Zusammenarbeit ergeben hat.

Auch beim beruflich motivierten Kontaktaufbau dürfen Sympathie und gemeinsame Interessen eine Rolle spielen. Sie sollten sogar an erster Stelle stehen. Bleiben Sie auch hier authentisch und finden Sie Wege, mit Menschen umzugehen, die Ihnen nicht sympathisch sind. Vermeiden lässt sich der Kontakt zu ihnen nicht, aber vielleicht lässt er sich ja auf ein Minimum reduzieren.

Hier ein paar Grundprinzipien für den Kontaktaufbau im beruflichen Bereich:

- Immer die Augen aufhalten.

- Interesse zeigen.

- In einem Satz erklären können, wer man ist und was man beruflich macht.

- Stets seine Visitenkarte bei sich tragen.

Die Kunst des Small Talks

Zur hohen Schule des Netzwerkaufbaus gehört, seine eigenen Wünsch im Hinterkopf zu haben und dabei gleichzeitig Interesse an seinem Gegenüber zu zeigen. Menschen, die von Natur aus neugierig sind, sind dabei eindeutig im Vorteil. Wer eher in sich gekehrt ist und sich eigentlich nicht so sehr für Personen außerhalb seiner Sphäre interessiert, muss dagegen oft über seinen Schatten springen. Jenen Menschen fällt auch der Small Talk häufig schwer. Aber auch diesen kann man lernen.

Wenn Sie eher schüchtern sind und beim Kontakt mit Unbekannten nicht wissen, worüber Sie reden könnten, bereiten Sie drei Fragen vor, mit denen Sie ein Gespräch in Gang bringen. Wichtig ist, dass dies offene Fragen sind, sie also nicht mit einem bloßen Ja oder Nein beantwortet werden können. Sonst schläft das Gespräch schnell wieder ein. Beispiele für solche Fragen sind:

- In welchem Kontakt stehen Sie zum Gastgeber? (Flapsig könnten Sie auch sagen: Wie hat es Sie denn hierher verschlagen? Das Schöne an der Frage ist, dass daraus meist viele neue Anknüpfungspunkte entstehen.)

- Was machen Sie beruflich? (Das ist eine Standardfrage, die in einem Berufsverband eher zu „In welchem Bereich arbeiten Sie?" umgewandelt würde.)

- Was gefällt Ihnen an ... *(Name des Ortes, in dem der Event stattfindet)* am besten? (Das Gute an dieser Frage ist: Sie ist unverfänglich und führt häufig zu einem Gespräch über Orte, in denen man gelebt oder die man bereits besucht hat.)

Natürlich sollten Sie immer eine Antwort auf Ihre eigene Frage bereit haben, um das Gespräch in Gang zu halten.

Übung: Finden Sie Ihre Small Talk-Fragen

Formulieren Sie drei Fragen, die Sie bei Gesprächen mit Unbekannten stellen könnten. Ein Tipp für Schüchterne: Schreiben Sie die Fragen auf kleine Kärtchen, damit Sie sie vor einer Veranstaltung noch einmal durchlesen können.

Das Geheimnis der Kundenbindung

Es hat schon seinen Grund, warum Unternehmen viel Zeit und Geld für Kundenbindung aufwenden und für die Betreuung großer Kunden sogar spezielle Key Account Manager haben. Nur wer seine Kunden hegt und pflegt, wird sie behalten. Ein Key Account Manager sind Sie in Ihrem kleinen Ich-Unternehmen auch.

Für Ihre Kunden gelten die gleichen Prinzipien der Kontaktpflege wie auch für Ihre persönlichen Kontakte. Zwar kennen Sie unter Umständen die Geburtstage nicht, aber Sie bekommen mit, ob ein Unternehmen ein Jubiläum hat oder ein neues Produkt auf den Markt gebracht hat. Grund genug, ihm dazu zu gratulieren.

Unabhängig von dieser Kundenbindung ist wichtig, dass Sie Ihre Kunden auf dem Laufenden halten, was bei Ihnen geschieht. Besonders dann, wenn Sie mehrere Kunden aus der gleichen Branche betreuen, die womöglich Wettbewerber sind. Nichts ist schlimmer, als wenn Ihr Kunde von anderer

Seite erfährt, dass Sie nun für die Konkurrenz arbeiten. Das weckt Misstrauen und Misstrauen ist oft der erste Schritt zum Bruch einer Geschäftsbeziehung. Gehen Sie offen mit allen Entwicklungen um, die Ihre Kunden betreffen könnten. Das wirkt sich langfristig auf jeden Fall aus.

Soziale Medien nutzen

Das Internet hat unsere Kommunikation auf vielfältige Weise geändert. Wir telefonieren über das Internet, verständigen uns per E-Mail und finden dank Foren, Suchmaschinen und sozialen Netzwerken Gleichgesinnte auf der ganzen Welt. Ein Paradies für Menschen mit außergewöhnlichen Hobbys und für die Erweiterung eines beruflichen Netzwerks. Auf Plattformen wie XING und LinkedIn, Facebook und Google+ tummeln sich Menschen aus nahezu allen Branchen und Hierarchieebenen. Hier findet man alte Bekannte wieder und stellt fest, dass auch ehemalige Klassenkameraden oder Bekannte aus Fortbildungen für das berufliche Netzwerk interessant sind. Und hier begegnet man Menschen mit gleichen Interessen, die man sonst nie getroffen hätte.

Beispiel

 Als ich Mitte der 90er Jahre begann, Pixibücher zu sammeln, ging ich davon aus, dass ich die einzige wäre, die sich für so etwas interessiert. Dank Internet habe ich festgestellt, dass es viele andere Sammler gibt, die sich sonst niemals getroffen hätten – längst auch zum Kaffeetrinken, Tauschen und Erzählen der Erlebnisse rund um die Pixibücher.

Solche Netzwerke sind übrigens besonders für schüchterne Menschen ein Segen. Sie können beim Posten und Kommentieren in Ruhe entscheiden, was sie von sich preisgeben möchten. Wer also nicht gerne direkt auf andere zugeht, versucht es vielleicht erst einmal über eine der Plattformen. Dann ist der Kontakt erst einmal hergestellt und das persönliche Gespräch fällt viel leichter.

XING, LinkedIn, Facebook und Google+ sind nicht die einzigen Netzwerke im Internet. Auch durch Communities wie StayFriends, wo sich ehemalige Mitschüler wiederfinden, oder StudiVZ, in dem sich Studenten austauschen, wird das Netzwerk erweitert. Die Prinzipien sind überall ähnlich, allerdings kann kaum jemand auf allen Plattformen aktiv sein. Wichtig ist, für sich die Communities auszusuchen, die zum Angebot und zur Zielgruppe passen. Das kann dann auch eine branchenbezogene Plattform sein.

Da Ihre Zeit begrenzt ist, sollten Sie sorgfältig auswählen, in welchen Netzwerken Sie sich engagieren. Es reicht nicht aus, sich einmal anzumelden und dann zu hoffen, dass sich von alleine neue Kontakte ergeben. Für virtuelle Kontakte gilt das gleiche wie für direkte persönliche Kontakte: Nur, wer sich interessiert und engagiert, kann mit Interesse und Engagement auf der anderen Seite rechnen.

Beispiel

 Wolfgang Bort, der Gründer und Leiter der Rhinozeros Spielwerkstatt im Unperfekthaus in Essen beherrscht virtuos die Klaviatur der sozialen Medien. Er postet jede Veranstaltung und Neuigkeit bei Facebook und XING, achtet aber immer darauf, dass die Information für die Leser interessant ist und nicht als reine Werbung erscheint.

Beruflich orientierte Netzwerke

Einige Netzwerke haben deutliche Schwerpunkte im beruflichen Bereich. Das wird schon an den Beiträgen und den Informationen in den Profilen der Mitglieder deutlich. Tauschen Sie sich mit Kollegen aus, ob es Netzwerke für Ihre Branche gibt. Oft gibt es auch Fach-Foren, in denen Probleme diskutiert und Fragen geklärt werden können. Neben unzähligen speziellen kleineren Communities gibt es zwei große Internet-Netzwerke, die beruflich interessant sind.

XING

XING ist ein Business-Netzwerk für berufliche Kontakte. Hier gibt es Menschen aus allen Berufsgruppen und allen Ebenen von Unternehmen, Institutionen, Verbänden sowie Selbstständige vom Handwerksmeister bis zum Künstler. Über die direkten Kontakte zwischen den Mitgliedern hinaus ist ein Austausch in Gruppen möglich. Auch Unternehmen haben die Chance, sich dort zu präsentieren und in einer Jobbörse werden freie Stellen angeboten.

Es gibt eine einfache, kostenfreie Form der Mitgliedschaft und die kostenpflichtige Premium-Mitgliedschaft. Letztere bietet vor allem den Vorteil, Besucher des eigenen Profils identifizieren zu können und besser im Netzwerk suchen zu können. Die Kommunikation außerhalb der Gruppen erfolgt in erster Linie durch eigene Postings und die Reaktion auf Postings anderer.

LinkedIn

LinkedIn ist ebenfalls ein beruflich ausgerichtetes Netzwerk. Der Schwerpunkt liegt hier in der internationalen Kontaktpflege. Es können Kontakte gesucht und kontaktiert werden. Unternehmen präsentieren sich ebenso wie Einzelpersonen, ein Stellenmarkt bietet aktuelle Jobs und man kann sich in Gruppen themen-, branchen- oder regionenspezifisch austauschen.

Wichtig bei beruflich orientierten Netzwerken ist, dass Sie sich und das eigene Angebot so gut wie möglich auf der Plattform darstellen. Achten Sie bei der Erstellung Ihres Profils darauf, dass Ihre Leistungen und Ihr USP deutlich werden. Dies ist zum einen durch entsprechende Formulierungen im Text möglich, aber auch durch gezielte Auszüge aus Ihrer Vita und die bewusste Auswahl von Gruppen. All das erscheint in Ihrem Profil, wenn ein neuer Kontakt sich dieses anschaut.

Beispiel

 Die Texterin, PR-Beraterin, XING-Trainerin und Autorin Constanze Wolff, hat in ihre Selbstdarstellung „Über mich" ihr Logo eingebunden und die Information auch optisch dem Layout ihrer sonstigen Werbematerialien angepasst.

Damit Sie bei Ihren Kontakten die Übersicht behalten: Nutzen Sie die Möglichkeiten, diese in Kategorien einzuordnen und notieren Sie sich den Anlass der Kontaktaufnahme, damit Sie den Kontakt schnell wieder zuordnen können.

Ob, in welcher Form und in welchem Ausmaß Sie sich in Gruppen einbringen, hängt von Ihrer Zeit und Ihrem Selbstmarketing-Schwerpunkt ab. Auch hier sollten Sie prüfen, was für Sie sinnvoll ist.

> Internetnetzwerke mit beruflicher Ausrichtung haben den Vorteil, dass dort eine Kontaktanbahnung zu professionellen Zwecken ausdrücklich erwünscht ist. Dadurch können leichter berufliche Beziehungen entstehen. Gerade für Selbstständige und Jobsuchende, die sich überregional ausrichten, sind solche Netzwerke hilfreich und sinnvoll.

Privat orientierte Netzwerke

Neben den Netzwerk-Plattformen, die eher beruflich ausgerichtet sind, gibt es unzählige Foren und Communities, die zunächst einmal dem privaten Austausch dienen, auch wenn dort ebenfalls häufig berufliche Kontakte angebahnt werden. Das sind derzeit vor allem Facebook und Google+. Privat orientiert bedeutet nun nicht, dass Sie diese Netzwerke ausschließlich für private Kommunikation nutzen dürfen. Informieren Sie hier getrost auch über Ihre beruflichen Aktionen und Ambitionen, sofern sie für die Öffentlichkeit relevant sind. Schließlich ist der Beruf ein wichtiger Teil Ihres Lebens. Auch hier gilt: Versuchen Sie erst gar nicht, in allen Communities aktiv zu werden. Das raubt Zeit und Sie können Ihren Kontakten in keinem der Netzwerke gerecht werden.

Facebook

Dass Facebook eher auf private Kontakte ausgerichtet ist, sehen Sie bereits an den Beiträgen, die häufig sehr persönlich sind und oft Erlebnisse aus dem Alltag schildern. Gerade Selbstständige und Freiberufler nutzen diese Plattform aber auch, um über ihre Leistungen zu berichten. Unternehmen nehmen sie in Anspruch, um für ihre Produkte mit Anzeigen zu werben. Personen und Institutionen können sich auf eigenen Seiten präsentieren. Kontakte mit gleichen Interessen können sich zu Gruppen zusammenschließen und sich dort – öffentlich für alle oder in einem geschlossenen Teilnehmerkreis – austauschen. Neben der für alle einsehbaren Kommunikation über Postings, kann mithilfe von Nachrichten und Chats auch mit einzelnen Kontakten kommuniziert werden.

Beispiel

 Lars Friedrich, Initiator und Kurator verschiedener Ausstellungen im Hattinger Bügeleisenhaus nutzt Facebook vielfältig, um auf die jeweiligen Ausstellungen hinzuweisen. Er richtet eigene Seiten für die Ausstellungen ein, kommuniziert die Veranstaltungen frühzeitig und kommentiert Postings seiner Kontakte, wenn sich ein Bezug zur Ausstellung finden lässt. Auf diese Weise sind die Ausstellungen ständig bei Facebook und damit im Internet präsent.

Google+

Bei Google+ ist es möglich, die Kontakte in verschiedene Kreise einzuordnen. So wird Kommunikation sowohl mit allen Kontakten als auch mit Kontakten eines Kreises, z. B. der Familie, den Kunden oder Kollegen, möglich. Google+ bindet über Postings, Kommentare, Nachrichten und Chat hinaus noch eine Videokommunikation ein.

Denken Sie sorgfältig darüber nach, ob und wie Sie diese privaten Netzwerke nutzen möchten und ob es Ihnen recht ist, wenn Ihre Kunden, mit denen Sie dort „befreundet" sind, wirklich alles von Ihnen erfahren.

- Wenn Sie sich für eine rein private Nutzung entscheiden, sollten Sie dort Kontaktanfragen von Kunden freundlich mit dem Hinweis, dass Sie das Netzwerk nur privat nutzen, ablehnen. Alternativ wählen Sie statt Ihres realen Namens einen Spitznamen, unter dem Sie in den Netzwerken auftreten.

- Beschließen Sie eine Mischung, sollten Sie Ihre Postings sorgfältig überdenken. Achten Sie besonders auf die Bilder, die Sie von sich einstellen, und auf das, was Sie über Ihre Arbeit schreiben. Kein Kunde liest gerne, dass Sie gerade widerwillig an seinem Auftrag sitzen!

Bei der beruflichen Nutzung privater Netzwerke ist besonders wichtig, die eigenen Postings und Kommentare auf die Goldwaage zu legen. Sie stärken oder schwächen das Image, das Sie von sich als Ich-Produkt aufbauen möchten.

Gezielte Nutzung virtueller Netzwerke

Ob Netzwerke im Internet sinnvoll für das eigene Marketing sind oder nicht, hängt von vielen Faktoren ab, unter anderem

- von der Branche,

- wie viel Zeit zur Verfügung steht,

- ob jemand schnell und gerne schreibt und

- ob es Inhalte gibt, die es sich zu kommunizieren lohnt.

Die Inhalte müssen nicht direkt mit den eigenen beruflichen Leistungen oder den eigenen Produkten zu tun haben. Wichtig ist, dass sie zum Ich-Produkt und zur Vision passen. Über soziale Netzwerke ergeben sich oft sogar alternative Wege zur Realisierung der Vision, weil sich hier ganz unterschiedliche Menschen begegnen und inspirieren.

Wenn Sie sich für eine Nutzung virtueller Communities zur Pflege und zum Ausbau Ihres beruflichen Netzwerks entscheiden, stehen Sie vor der nächsten Aufgabe: Wie stellen Sie sich und Ihr Anliegen optimal dar und wie setzen Sie Ihre Online-Zeit effektiv ein?

Das Profil: Ihre Visitenkarte im Netzwerk

Wichtig ist, dass Sie Ihr Profil passend zu Ihrem Produkt Ich einrichten:

- Beschreiben Sie sich und Ihr Ich-Produkt.
- Kommunizieren Sie Ihren Slogan und Ihre Leistungen.
- Ergänzen Sie diese um Hinweise auf Ausbildungen, Qualifikationen, Erfahrungen und Referenzen.
- Fügen Sie ein Foto von sich ein und nutzen Sie in allen Communities das gleiche Foto, damit man Sie immer gleich wiedererkennen kann.
- Erwähnen Sie private Hobbies oder Schwerpunkte in Ihrem Leben, die Sie über den beruflichen Zusammenhang hinaus interessant machen.
- Vergessen Sie Ihre Kontaktdaten inklusive Ihrer Internetseite nicht.

Mit diesem Profil sind Sie in Ihren Netzwerken gut vertreten, auch wenn Sie gerade keine Zeit haben, aktiv zu posten, Beiträge zu kommentieren oder sich in Gruppen zu beteiligen.

Der Ausbau Ihrer Kontakte

Der nächste Schritt ist, ein Netz passender Kontakte aufzubauen. Schließlich sollen Ihre Beiträge dort auch gelesen werden. Schicken Sie anderen Netzwerkteilnehmern also Kontaktanfragen. Denken Sie jedoch – vor allem bei neuen Kontakten – daran, sich vorzustellen und den Grund der Kontaktaufnahme zu erklären. Im wahren Leben würden Sie auch nicht auf den erstbesten, der mit einem Freund am Tisch sitzt, zugehen und ihn fragen, ob er auch Ihr Freund sein möchte. Lesen Sie sich das Profil Ihrer Wunschkontakte durch und suchen Sie nach Gemeinsamkeiten.

- Beginnen Sie mit Kontakten, die Ihnen persönlich bekannt sind. Erinnern Sie sich z.B. an ehemalige Kunden und Kollegen, an Teilnehmer von Tagungen und Fortbildungen.

- Schauen Sie in den Kontakten dieser Kontakte, wen Sie kennen könnten oder wer für Sie bzw. für wen Sie interessant sein könnte.

- Suchen Sie gezielt nach Menschen, die Sie gerne kennen lernen würden.

Spätestens, wenn Sie einige Kontakte haben, sollten Sie sich Gedanken darüber machen, mit welchen Informationen Sie zum Netzwerk beitragen wollen. Hier lohnt sich eine Ideensammlung, welche Nachrichten aus Ihrer Branche und aus Ihren Projekten auch für andere interessant sein könnten.

Denken Sie aus der Perspektive des Lesers. Ob Sie einen neuen Auftrag haben, ist für ihn unwichtig. Es sei denn, er profitiert in irgendeiner Form von dem Ergebnis, z. B. wenn Sie einen Ratgeber über Gartenkräuter schreiben und er gerne kocht und sich mit dem Thema beschäftigt. Stellen Sie sich vor, was die Leser gerne sehen oder lesen möchten und wie Sie für sie einen Nutzwert schaffen könnten, der mit Ihrem Angebot zu tun hat.

Beispiel

 Christine Reguigne präsentiert ihre „Rätselschmiede", eine Rät-selagentur für Printmedien, in allen Netzwerken dadurch, dass sie immer wieder Rätsel einstellt oder zum Mitraten einlädt. Dadurch ist sie mit ihrem Kernprodukt ständig präsent. Und da sich viele an den Rätseln beteiligen, wächst der Nutzerkreis mit jedem Posting.

Übung: Ihre Ideensammlung für Postings

Sammeln Sie Fragen und Themen aus Ihrem Arbeitsbereich und Ihren Interessengebieten, die auch für andere interessant sein könnten.

Ihre Postings gehen über die Inhalte Ihrer Presseinformation oder Ihres Blogs hinaus. Jedoch sollten Sie auch solche Inhalte posten. Das erhöht die Bekanntheit Ihrer Aktionen und Ihres Blogs, und Sie bleiben in den Communities präsent.

Weitere Möglichkeiten, sich in soziale Online-Netzwerke einzubringen, sind z. B.

- Veranstaltungsankündigungen einrichten und dadurch eigene Events kommunizieren

- Gruppen eröffnen und moderieren

- sich in Gruppen beteiligen

- eine sog. Fanpage einrichten, quasi ein schwarzes Brett mit Informationen über ein Unternehmen, eine Person, ein Produkt, einen Ort oder eine sonstige Einrichtung

- eigene ansprechende Fotos posten

Beispiel

 Als ich irgendwann wegen eines Konzerts auf dem Platz vor meinem Fenster nicht schreiben konnte, habe ich z. B. kurzerhand eine Seite über diesen Platz bei Facebook (http://facebook.com/ebertplatz.hagen) eingerichtet. Hier poste ich nun in unregelmäßigen Abständen, wenn es vor meinem Fenster Aktionen gibt. Dadurch haben sich viele interessante Kontakte und nun sogar ein Buchprojekt ergeben, obwohl dies nicht mein Ziel war, sondern ich einfach meinen Frust loswerden wollte.

Exkurs: Virales Marketing

Ist Ihnen der Begriff Virales Marketing bereits begegnet? Wenn Sie mit ihm das Wort Virus assoziieren, dann sind Sie auf der richtigen Spur. Virales Marketing ist eine Marketingform, bei der ein Input sich wie ein Virus in den sozialen Netzwerken verbreitet. Dieser Input kann ein virtuelles Spiel, eine Postkarte, ein Zitat, eine Nachricht, ein Videoclip, ein Blog-Beitrag – kurzum: alles – sein.

Beispiel

 Die bekanntesten Beispiele sind vermutlich das Spiel „Moorhuhn" und der Pop-Song „Gangnam Style" die durch das Internet und die sozialen Netzwerke eine kaum vorstellbare Verbreitung gefunden haben.

Das Geheimnis des Viralen Marketing ist, dass dieser Input von einem zum nächsten weitergegeben wird wie ein Grippevirus. Wie bei Krankheiten gibt es zwei Formen des viralen Marketing, die gelenkte Verbreitung und die unbewusste Verteilung.

Sie ahnen es schon, die unbewusste Verteilung können Sie nicht steuern und für die gezielte Verbreitung benötigen Sie einen megacoolen Aufhänger sowie ein ausreichend großes Basis-Netzwerk im Internet. Ehe Sie sich an diese Marketingform wagen, prüfen Sie, ob sie zu Ihnen und Ihrem Alleinstellungsmerkmal passt. Wenn nicht, lassen Sie sich nicht von Heilsversprechern überreden, sondern bleiben Sie bei den Marketingmethoden, mit denen Sie Ihre Zielgruppe erreichen.

Alle Beiträge in sozialen Netzwerken mit beruflichem Bezug sollten authentisch sein, zum Ich-Produkt passen und zweimal überdacht werden, ehe sie ins Netz gelangen.

Mit Mailing oder Newsletter informieren

Auch in Zeiten von Social Networks und Smartphone schätzen viele noch direkt gehaltene Anschreiben, in dem sie etwas über andere Menschen erfahren. Dieses Interesse nutzen Unternehmen für ihr Marketing und verschicken Briefe und E-Mails als Massenaussendungen. Damit die Empfänger die Briefe nicht gleich als Werbung erkennen, werden die Adressen oder sogar ganze Briefe in Handschrift gedruckt.

Diese Methode scheint zu funktionieren, sonst würden nicht so viele Unternehmen darauf zurückgreifen. Vielleicht ist das auch für Sie ein geeignetes Marketinginstrument. Weniger, um neue Kunden über gekaufte Adressen zu gewinnen, sondern um ehemalige oder aktuelle Kunden über Neuigkeiten in Ihrem Ich-Unternehmen zu informieren. Verfassen Sie ein persönlich gehaltenes Anschreiben. Berichten Sie, was für Ihre Kunden interessant sein könnte, so z. B.

- welche Veranstaltungen und Aktionen Sie geplant haben,

- welche wissenschaftlichen oder rechtlichen Neuerungen es in Ihrem Arbeitsbereich gibt,

- welche Internetseite oder welches Buch sich zur Information eignet.

Greifen Sie auf Informationen zurück, die Sie bereits an anderer Stelle kommuniziert haben. Schließlich wollen Sie den Kunden über Ihre aktuelle Lage informieren, damit er weiß, wo Ihre Kompetenz liegt.

Beispiel

 Die Texterin, Journalistin und Audio-Autorin Stefanie Pütz stellt jeden Monat einen O-Ton aus ihren Recherchen auf ihre Internetseite. Mit dem Newsletter ton@stefanie-puetz.de informiert sie über den neuesten „Ton des Monats" und andere aktuelle Projekte.

Rechtliche Rahmenbedingungen

Die rechtlichen Voraussetzungen für Mailings und vor allem für Newsletter haben sich in den letzten Jahren wiederholt geändert. In jedem Fall sollten Sie vor einer solchen Aktion den aktuellen Rechtsstand prüfen. Derzeit dürfen nach dem Gesetz gegen unlauteren Wettbewerb Newsletter und andere Werbe-E-Mails nur an solche Personen geschickt werden, die diese aktiv bestellt haben. Wenn der Versender eine solche vorherige Zustimmung des Empfängers nicht nachweisen kann, riskiert er eine Abmahnung. Holen Sie also immer die schriftliche Bestätigung Ihrer Kunden ein, dass Sie sie über aktuelle Entwicklungen informieren dürfen. Ihr Rundschreiben sollte auch einen Hinweis enthalten, wo der Empfänger es abbestellen kann.

Ihre Adressdatenbank

Ob Sie ein Mailing verschicken oder eine Grußkarte zu Weihnachten, die Basis einer guten Netzwerkpflege ist eine gute Adressdatenbank. Sie enthält im optimalen Fall nicht nur die Kontaktdaten, sondern auch Infos zu Besonderheiten des Kontakts. Wenn Sie dann noch jederzeit Zugriff auf die Datenbank haben, ist es kein Problem, schnell die Namen der Kinder oder des Hundes oder sonstige Interessen Ihres Gesprächspartners zu prüfen, um sich im Telefonat nach dem aktuellen Stand zu erkundigen. Wie Sie Ihre Datenbank gestalten, hängt von der Software ab, mit der Sie arbeiten. Hilfreich sind folgende Inhalte:

- Name mit Vor- und ggf. Geburtsname

- Kontaktdaten mit E-Mail- und Internet-Adresse

- Geburtsdatum, das sich oft über die sozialen Netzwerke recherchieren lässt

- Information über den Erstkontakt

- Infos aus Gesprächen oder Projekte

- Besonderheiten, so z. B. über weitere Arbeitsschwerpunkte, die Familie, Hobbies, Leidenschaften des Kontakts

Beispiel

 Jens Klöpfel, der Inhaber der Agentur concreate, mit der ich einige Projekte realisiert habe sammelt Videospielkonsolen und alles, was mit Computerspielen zu tun hat. Seine Vision ist ein Computerspielmuseum. Dieses Interesse ist inzwischen nicht mehr nur in dem Adress-Datensatz, sondern auch in meinem Kopf hinterlegt. Wenn mir eine Info oder auch ein Buch in meinem Archiv begegnet, das ihm fehlen könnte, frage ich ihn, ob er es gebrauchen kann.

Viele Informationen sind in Ihrem Kopf gespeichert, aber Sie sind eben nicht nur Key Account Manager, sondern haben Ihre Arbeit. Da kann schon einmal ein Detail zum Kontakt untergehen. Was hinterlegt ist, können Sie nicht vergessen.

Der Newsletter

Der Newsletter ist nichts anderes als eine digitale Kundenzeitschrift, die nicht ausgelegt, sondern zum Download angeboten oder per E-Mail verschickt wird. Die einfachste Möglichkeit, einen Newsletter zu verschicken, ist eine E-Mail, die, mehr oder weniger gut gestaltet, Informationen enthält.

Diese Infos können mit Links auf Internetseiten verknüpft sein. Ob Sie Ihre Information auf der Website hinterlegen, sodass die Leser sie dort abrufen können, oder ob Sie sie direkt in die E-Mail einbauen, ist Geschmackssache.

- Für die Einbindung spricht, dass die Leser nicht noch einen Link anklicken und einen Browser öffnen müssen.
- Für den Link spricht, dass die Leser damit auf die Internetseite geführt werden.

Es gibt unter den Newsletter-Lesern für beide Varianten Befürworter und Gegner. Die einen stören sich an dem langen Newsletter und die anderen daran, dass sie gezwungen werden, die Website zu besuchen. Entscheiden Sie für sich, was zu Ihrem Ich-Produkt passt und was Ihnen persönlich am liebsten ist.

Ganz wichtig bei einem E-Mail-Newsletter ist, den Datenschutz zu beachten, der für die Adressen der Empfänger gilt. Sie dürfen diese nicht für andere Empfänger sichtbar im E-Mail-Verteiler angeben. Am besten bewerkstelligen Sie dies, indem Sie die Adressen in das Feld „BCC" (Blind Carbon Copy, Blindkopiefeld) Ihres E-Mail-Programms eingeben.

Mit ein wenig Geschick und den geeigneten Programmen können Sie Ihre Rundmail sogar personalisieren. Das ist aufwendiger, kann sich aber lohnen, wenn der Newsletter in Ihrer Branche ein wichtiges Instrument ist. Dabei werden einzelne E-Mails für die Empfänger generiert. Es werden sowohl die E-Mail-Adressen als auch die Anreden auf den Einzelnen abgestimmt. So wirkt die E-Mail persönlicher – allerdings sollte dann auch der Text persönlich und nicht wie eine Sammel-Mail wirken.

Sie können Ihren Newsletter natürlich auch optisch ansprechend gestalten und als PDF einer E-Mail anhängen oder über eine Newsletter-Software versenden. Der Vorteil einer gestalteten Fassung ist, dass Sie ihn auch ausdrucken und Kunden mitgeben können. Aber auch hier gibt es den Nachteil, dass manche Leser solche Anhänge nicht wünschen.

Sie sehen, in Sachen Newsletter können Sie es nicht jedem Recht machen. Überlegen Sie genau, ob ein Newsletter für Sie wirklich sinnvoll ist. Das ist nur dann der Fall, wenn Sie immer wieder neue Informationen zu vermitteln haben. Nur, um einmal im Jahr ein Veranstaltungsprogramm herumzuschicken, benötigen Sie keinen Newsletter. Das können Sie in einem persönlichen Rundschreiben erledigen. Sie sparen so viel Zeit.

Sich ehrenamtlich engagieren

Eines ist im beruflichen Zusammenhang genauso wie im privaten: Gemeinsame Ziele schweißen zusammen und sorgen dafür, dass man sich auch über die Aufgabe hinaus unterstützt.

Ehrenamtliches Engagement zahlt sich also gleich mehrfach aus, durch die persönliche Bereicherung und Weiterentwicklung, die gesellschaftliche Teilhabe und die Erweiterung des beruflichen Netzwerkes. Verzichten Sie daher auch und gerade beim Aufbau einer neuen selbstständigen Existenz nicht auf Ihr bisheriges Ehrenamt. Bitten Sie um Verständnis, dass Sie sich zeitlich weniger engagieren können, und stehen Sie bereit, falls Sie gebraucht werden.

Beispiel

 Markus Lülf, Inhaber von studyarts, einem Institut für private Bildungsförderung, engagiert sich seit Jahren für den „Herner Förderturm e.V.", einen Verein, der sich zum Ziel gesetzt hat, mit Veranstaltungen, Festen und anderen Aktionen finanzielle Mittel zur Unterstützung karitativer Einrichtungen zu sammeln. Obwohl er neben der Leitung seines Instituts auch noch die Gründung einer Schule vorbereitet, nimmt er sich die Zeit für das Engagement, weil ihm die Sache wichtig ist.

Ehrenamtliches Engagement hilft nicht nur Selbstständigen und Unternehmern, sondern ebenso Jobsuchenden. Ich habe meinen ersten Job nur bekommen, weil ich ehrenamtlich gearbeitet habe und darüber hinaus noch dank des Ehrenamts viele Fähigkeiten nachweisen konnte, die für die Stelle gefordert waren.

Sobald Sie sich in Ihrem neuen Aufgabengebiet eingerichtet und ein wenig Luft haben, sollten Sie Ihr Engagement wieder verstärken. Entweder in Ihrem früheren Ehrenamt oder in einer Aufgabe, die sich besser mit Ihrer Tätigkeit vereinbaren lässt und auch inhaltlich besser passt.

Partnerschaften aufbauen

Wie in vielen Bereichen, so können auch im Selbstmarketing Kooperationen für eine zusätzliche Bekanntheit sorgen und damit die Kundenakquise und Jobsuche erleichtern.

Das Prinzip ist einfach: Wenn sich zwei oder mehrere Unternehmen oder Menschen zusammentun und gemeinsam eine Information verbreiten, wird sie von mehr Menschen wahrgenommen, als wenn nur einer die Nachricht sendet. So wie sich Freundeskreis und Familie bei einer privaten Partnerschaft vergrößern, so erweitert sich auch der Kreis derjenigen, die ein gemeinsames Projekt durchführen.

Halten Sie daher in Ihrem Umfeld Ausschau nach Kooperationspartnern, mit denen Sie gemeinsam eine Aktion initiieren und durchführen können. Achten Sie darauf, dass Sie beide von der Partnerschaft profitieren und klären Sie von Anfang an,

- wie die Kooperation aussieht (für größere Projekte lohnt sich eine schriftliche Vereinbarung)
- wer welche Aufgaben übernimmt (hier hat sich eine To-do-Liste mit allen Aufgaben und Verantwortlichen bewährt, sie kann in kleinen Projekten auch die Rolle einer schriftlichen Vereinbarung übernehmen)
- dass die Aufgaben und Kosten angemessen verteilt werden
- wie Sie das Projekte kommunizieren möchten (bei einer gemeinsamen Außendarstellung sollten immer beide Namen, Logos und Adressen kommuniziert werden)

Sehr hilfreich ist es, wenn zwischen Ihnen und Ihrem Kooperationspartner „die Chemie stimmt" und Sie einander grundsätzlich positiv gegenüberstehen. Für mich ist das sogar eine Grundvoraussetzung für eine Kooperation. Sie kann aber nicht immer erfüllt werden, wenn von einer Gruppe, einem Verein oder Unternehmen, jemand bestimmt wird, der den Kooperationspartner vertritt. Dann heißt es, professionell miteinander umzugehen oder, wenn klar ist, dass es nur Reibereien gibt, auf die Kooperation zu verzichten. Eine Kooperation bedeutet nämlich, und das muss Ihnen klar sein, auch Abstimmung und damit mehr Arbeit. Zwar wird diese dadurch ausgeglichen, dass Aufgaben abgegeben werden können, doch nicht immer führt das wirklich zu einer Entlastung.

Denken Sie daher vor einer Kooperation darüber nach, was die Zusammenarbeit für Sie bedeutet und wägen Sie Kosten (Ihren zeitlichen, nervlichen und finanziellen Aufwand) gegen Ihren Gewinn (Bekanntheit, neue Kunden) ab.

Auf einen Blick: Kontakte nutzen und ausbauen

- Ein Netzwerk ist zunächst einmal ein Netz, das einen auffängt und trägt. Es kann darüber hinaus das Marketing unterstützen und die Kundenakquise und Jobsuche erleichtern.

- Die Empfehlung durch einen persönlichen Kontakt ist die günstigste und effektivste Form der Akquise. Sie setzt jedoch persönliche Kontakte voraus.

- Kontaktpflege bedeutet nicht, sich ständig zum Essen zu treffen oder zu telefonieren. Eine gelegentliche Mail und eine interessierte Nachfrage beim Netzwerktreffen zeigen, dass Ihnen der Mensch wichtig ist.

- Social Networks im Internet bieten sich an, um Kontakte ohne großen Aufwand zu pflegen und ein Netzwerk zu erweitern.

- Mit persönlichen Rundmails und Newslettern halten Sie Ihre Kontakte über Entwicklungen in Ihrem Bereich auf dem Laufenden.

- Gemeinsame Aktivitäten in Ehrenämtern und Kooperationen schweißen zusammen und schaffen meist zuverlässige und beständige Kontakte innerhalb eines Netzwerkes.

Ihr Marketingkonzept

Verlassen Sie sich nicht darauf, dass Selbstmarketing schon irgendwie läuft. Planen Sie es gezielt, um Ihr Produkt „Ich" zum Erfolg zu führen.

In diesem Kapitel erfahren Sie,

- wie Sie Ihre Zielgruppen und Marketingziele finden,
- warum eine Ist-Analyse wichtig ist,
- weshalb Sie Ihre Konkurrenz genau kennen sollten,
- wie ein Marketingplan aussehen kann,
- wie Ihr Marketingerfolg messbar wird.

Zielgruppen und Ziele definieren

Unternehmen legen in der Regeln nicht einfach los mit ihren Marketingaktivitäten. Schließlich kosten sie Zeit und Geld und diese Ressourcen sollen effektiv eingesetzt werden. Daher steht am Anfang ein Marketingkonzept, in dem definiert wird, wer wie wann wo warum und womit für welches Produkt erreicht werden soll. Folgende Schritte sind dafür nötig.

Schritt-für-Schritt zum Marketing-Konzept	
1	Marketingziele definieren
2	Zielgruppen festlegen
3	Ist-Analyse Ihrer Marketingaktivitäten durchführen
4	Wettbewerber analysieren
5	Marketingmaßnahmen auswählen
6	Maßnahmen umsetzen
7	Ergebnisse der Maßnahmen überprüfen

Eine solche Vorgehensweise empfiehlt sich auch für Einzelunternehmer und Jobsuchende. Schon bei der Entwicklung eines solchen Konzepts, und sei es noch so kurz, wird einem vieles klarer. Das spart Umwege, Zeit und oft sogar Geld.

Eine wesentliche Grundlage des Marketingkonzepts, Ihr Produkt, haben Sie bereits festgehalten. Nun geht es darum, herauszufiltern, wie Sie Ihr Ich-Produkt mit möglichst wenig Aufwand möglichst optimal präsentieren, um Kunden oder einen Arbeitgeber zu gewinnen. Dazu ist wichtig, zunächst die Ziele für das Marketing und die Zielgruppen zu definieren.

Die Marketingziele

Bei der Festlegung der Ziele müssen Sie nicht bei Null beginnen, Sie haben doch schon Ihre Vision. Diese gilt es nun auf den Alltag herunterzubrechen. Daher gibt es keine Ziele, die für alle gültig sind, und auch kein allgemeingültiges Marketingkonzept:

- Ein Jobsuchender möchte eine neue Arbeitsstelle. Ein Ziel kann sein, die passenden Unternehmen und Stellenbörsen zu finden, in denen diese Jobs angeboten werden. Das nächste Ziel könnte sein, sich dort mit einer Bewerbungsmappe zu präsentieren oder zunächst eine zusätzliche Qualifikation zu erlangen, um den Anforderungen des Unternehmens näher zu kommen. Es kann für ihn sinnvoll sein, eine Bewerbungsmappe zu entwickeln oder sich in sozialen Branchennetzwerken zu tummeln, während er noch an seiner Qualifikation feilt.

- Ein Existenzgründer muss seine Aktivitäten dagegen auf die Ziele Bekanntheit und Kundengewinnung ausrichten. Für ihn sind Maßnahmen geeignet, mit denen er seine potenziellen Kunden möglichst ohne große Streuverluste erreicht.

- Ein langjährig Selbstständiger hingegen will mit seinen Marketingaktionen vielleicht expandieren, neue Kunden gewinnen oder ein neues Angebot bekannt machen. Er kann einen Bekanntheitsgrad voraussetzen und seine bisherigen Kundenkontakte in die Planung einbinden.

Übung: Welche Ziele möchten Sie erreichen?

Schreiben Sie alle Ziele einzeln auf Karteikarten, die zu Ihrer Vision passen. Zensieren Sie sich nicht. Jedes Ziel, das Ihnen einfällt, ist wichtig. Erst im nächsten Schritt prüfen Sie, welche Ziele oberste Priorität haben.

Beispiel

 Ist Ihre heimliche Vision, ein beachteter Architekt zu werden, und haben Sie Ihr Studium gerade erst abgeschlossen? Dann müssen Sie Ihre Vision eher noch ein wenig zurückstecken und erst einmal darauf hinarbeiten, dass man Sie als Architekt wahrnimmt und Sie einen ersten Auftrag bekommen. Was nicht bedeutet, dass Sie Ihre Vision aus den Augen verlieren sollten. Parallel können Sie durch Mitgliedschaften im Berufsverband und die Teilnahme an Architekturwettbewerben dafür sorgen, dass Ihr Name über Ihr Einzugsgebiet hinaus bekannt wird.

Mögliche Marketing-Ziele sind:

- Bekanntmachen des Ich-Produkts
- Steigerung des Bekanntheitsgrades
- Verbesserung des Images
- Gewinnen neuer Kunden
- Einladung zu einem Vorstellungsgespräch
- Angebot für einen neuen Job
- Teilnahme an einer Ausschreibung
- Aufbau von Vertrauen
- Verbesserung der Qualität
- Steigerung des Umsatzes und/oder Gewinns
- Erhöhung des Marktanteils
- Erhöhung der Verkaufszahlen oder der Zahl der Kunden

Je konkreter und überprüfbarer Sie Ihre Ziele formulieren, umso besser. Versuchen Sie, die Ziele in Zahlen auszudrücken, falls das möglich ist. Gehen Sie aber von realistischen Zahlen aus. Wenn Sie die Anzahl der Anrufe um fünf bis zehn Prozent steigern, ist schon viel gewonnen. Mühsam nährt sich nicht nur das Eichhörnchen, sondern auch der angehende Selbstmarketing-Profi.

Die Zielgruppe

Nachdem Sie Ihre Ziele definiert haben, sollten Sie in sich gehen und klären, wer Ihre Zielgruppe ist. Welche Kunden oder Arbeitgeber wollen Sie gewinnen? Das ist vor allem mit Blick auf Ihre Ressourcen wichtig. Wenn Sie nicht wissen, wen Sie erreichen möchten, setzen Sie unter Umständen eine Marketingstrategie ein, die nicht zu Ihrer Zielgruppe passt.

Beispiel

 Für den Vertrieb von Staubsaugern bringt ein Flashmob – ein spontaner, meist über Social Networks initiierter Menschenauflauf – allenfalls Bekanntheit, wenn ein Medium es skurril findet, dass eine jugendliche Zielgruppe für einen Staubsauger auf die Straße geht. Und als Ballonverkäufer werden Sie mit einer Mailing-Aktion an Senioreneinrichtungen wenig neue Kunden gewinnen.

Von Marketing-Profis werden meist Cluster zugrunde gelegt, wie z.B. die sog. Sinus-Milieus, um Zielgruppen leichter bestimmen zu können. Für Einzelpersonen und erst recht Jobsuchende ist dieser Aufwand zu hoch. Sinnvoller für sie ist eine Einschätzung ausgehend von

- Alter und/oder

- Interessen

- Beruf

- Funktion

- Rolle

- Geschlecht

Bei der Festlegung der Zielgruppe Ihrer Marketing-Aktivitäten müssen Sie im Blick haben, wer die Kauf- oder Personalentscheidung trifft und nicht wer Ihre Leistung nutzt. Nicht immer handelt es sich dabei um dieselbe Person oder Personengruppe.

Beispiel

Die Nutzer eines Kinderkarussells sind die Kinder. In den wenigsten Fällen zahlen sie jedoch ihren Fahrchip selbst. Deshalb sprechen die Ausrufer auch nicht die Kinder, sondern die Erwachsenen an.

Knifflig ist das auch bei Bewerbungen. Ihr neuer Kollege kann Sie noch so nett finden, seit sie bei Facebook befreundet sind. Die Entscheidung über Ihre weitere Karriere in der Firma trifft der Personalleiter oder eine andere Führungskraft im Unternehmen.

Es kann sinnvoll sein, die Marketingaktivitäten auf beide Zielgruppen auszurichten, im Beispiel etwa durch ein cooles Werbemittel für die Kids und praktische Tipps für die Erwachsenen. Aber auch das will vorher genau überdacht sein und ist nur möglich, wenn Ihnen klar ist, wer Nutzer und wer Entscheider ist und wo und wie Sie diese beiden Gruppen mit Erfolg ansprechen.

Übung: Legen Sie Ihre Zielgruppen fest

Notieren Sie zuerst, wer Ihre Leistungen in Anspruch nimmt bzw. in Anspruch nehmen könnte. Prüfen Sie, ob es sich dabei zugleich um Nutzer und Entscheider handelt und klären Sie, wer genau darüber entscheidet, ob Sie zum Zuge kommen oder nicht.

Folgende Gruppen können hier relevant werden:

- Kinder bis 6 Jahre, die noch nicht lesen und schreiben können

- Kinder von 6 bis 12 Jahren, die ein gewisses Maß an Selbstständigkeit erlangt haben, aber noch nicht geschäftsfähig sind

- Jugendliche von 12 bis 18 Jahren, die beschränkt geschäftsfähig sind, aber bereits selbst entscheiden

- Berufstätige Erwachsene

- Nicht berufstätige Erwachsene (Elternzeit, Rente, Arbeitslosigkeit, Hausfrau oder Hausmann)

- Männer oder Frauen

- Mütter oder Väter

- Menschen bestimmter Hierarchieebenen

- Menschen bestimmter Berufsgruppen

- Menschen mit körperlichen Beeinträchtigungen

Nachdem Sie festgelegt haben, welches Ihre Zielgruppe ist, können Sie mithilfe eigener Erfahrungen, Beobachtungen, Befragungen oder des Internets ermitteln, wo und wie Sie diese Zielgruppe am besten erreichen.

Beispiel

 Bieten Sie Yogakurse für Frauen an, sind Ihre Anlaufstellen Orte, an denen Frauen sich aufhalten, beim Frauen- oder Kinderarzt, in der Damenboutique, im Familienzentrum, in der Gleichstellungsstelle, im Frauen-Fitness-Studio, in der Buchhandlung, im Energiezentrum oder in einem Einzelhandelsgeschäft, das sich speziell an Frauen richtet.

Machen Sie sich bewusst, welche Ziele Sie mit Ihren Marketingaktivitäten realisieren möchten, wer Ihre Zielgruppe ist und wie und wo Sie diese am besten erreichen können.

Den aktuellen Stand ermitteln

Bei der bisherigen Lektüre des Buches haben Sie sicherlich an manchen Stellen gedacht: Das mache ich doch schon. Dann kommt jetzt der Moment, an dem Sie alles sammeln und zuordnen, was Sie bisher in Sachen Selbstmarketing tun. Diese Ist-Analyse hilft dabei, sich selbst klar zu machen, welche Aktivitäten bereits durchgeführt oder angestoßen wurden, was alles so ganz nebenbei gemacht wird. Sie ist auch gut dafür, einmal zu prüfen, ob die Aktivitäten Erfolg gezeigt haben.

Um hier einen möglichst guten Überblick zu gewinnen, empfiehlt sich eine Matrix oder Tabelle, in der die Zielgruppe(n) den Zielen gegenübergestellt werden. In die Felder der Tabelle werden dann die Maßnahmen eingeordnet, die bisher eingesetzt wurden, um das Ziel zu erreichen.

Beispiel

 Frau Schmidt hat einen Haushaltsservice, der Putzen, Einkaufen und andere Erledigungen inkludiert. Ihre Zielgruppe sind Senioren und alleinstehende, berufstätige Frauen und Männer. Ihre Ziele sind Kundengewinnung und Steigerung des Bekanntheitsgrades. Sie hat es bereits mit einer Presseinformation in die Zeitung geschafft (Feld: Steigerung des Bekanntheitsgrades für alle Zielgruppen). Sie hat einen Flyer im Seniorentreff ausgelegt (Feld: Kundengewinnung und Bekanntheitsgrad bei Senioren). Sie hat der alten Nachbarin einen Rabatt versprochen, wenn sie sie weiterempfiehlt (Feld: Kundengewinnung, Senioren).

Zielgruppe	Ziele	Dafür realisierte Maßnahmen
Senioren	Kundengewinnung	■ Flyer im Seniorentreff ■ Rabatt für Weiterempfehlung
	Steigerung des Bekanntheitsgrades	■ Presseinformation in der Zeitung
Berufstätige Singles	Kundengewinnung	
	Steigerung des Bekanntheitsgrades	■ Presseinformation in der Zeitung

Erstellen Sie eine Tabelle mit Ihren Zielen und Zielgruppen und tragen Sie Ihre Maßnahmen in die passenden Felder ein. Der Vorteil der Tabelle ist, dass auf den ersten Blick ersichtlich ist, wo es Lücken gibt und wo Optimierungsbedarf besteht. Sie ist die Grundlage zur Erstellung eines Marketingplans. Doch zuvor sollten Sie prüfen, was eigentlich Ihre Wettbewerber machen.

> Wer sich intensive Gedanken über sein Selbstmarketing macht, muss nicht ganz von vorne beginnen. Die meisten tun bereits viel, allerdings oft nicht zielgerichtet und ohne Blick auf die richtigen Zielgruppen. Eine Ist-Analyse zwischendurch hilft, sich auf die wichtigsten Dinge zu beschränken.

Die Wettbewerber analysieren

Es gibt kaum Themen, Bereiche und Berufe, in denen es nur eine einzige Person gibt, die eine Aufgabe erfüllen kann. Das bedeutet, dass es immer Mitbewerber gibt, die es auf die gleiche Stelle oder die gleichen Kunden abgesehen haben. Dies spielt nicht nur bei der Ausprägung des eigenen Leistungsspektrums, sondern auch bei beim Selbstmarketing eine wichtige Rolle.

Bereits bei der Entwicklung Ihres Alleinstellungsmerkmals haben Sie geprüft, was Ihre Wettbewerber tun. Damals war der Blick eher auf die Inhalte gerichtet, nun heißt es, die Marketing-Aktivitäten zu analysieren. Nicht, um sie zu kopieren, sondern um sich auch in diesem Bereich vom Wettbewerb abzuheben. Unter Umständen kann es sogar sinnvoll sein, Ideen zu übernehmen.

Beispiel

 In der Nachhilfebranche war es immer üblich, am Tag nach den Zwischenzeugnissen einen Tag der offenen Tür anzubieten. Das führte dazu, dass Familien an dem Tag von Institut zu Institut gingen, um sich beraten zu lassen. Bei einem Anbieter, das keinen Tag der offenen Tür anbot, standen die potenziellen Kunden dann vor verschlossenen Türen.

Das Beispiel zeigt, dass manche Marketingaktivitäten branchenabhängig sind. Prüfen Sie in, welche Maßnahmen in Ihrer Branche üblich sind, ob Sie sich beteiligen oder davon abgrenzen möchten. Wenn Sie unsicher sind, entscheiden Sie sich lieber für die Aktion als dagegen.

Übung: Analysieren Sie Ihre Wettbewerber

Sichten Sie Internetseite, Flyer und alle anderen Unterlagen Ihrer Wettbewerber. Achten Sie nicht nur auf klassische Werbematerialien, sondern auch auf Aktionen und Events. Schauen Sie sich alle Unterseiten des Internetauftritts an. Häufig finden sich dort Hinweise auf vergangene Aktivitäten. Das gilt genauso für die Seiten bei Facebook & Co. Hier erfahren Sie mit ein bisschen Glück sogar, welche Maßnahmen geplant sind.

Diese Analyse ist kein Selbstzweck, sie inspiriert und gibt Anregungen für eigene Aktionen.

Beispiel

 Führt Ihr Konkurrent einen Malwettbewerb für Kinder durch, kann Sie das zu einem Comic-Wettbewerb inspirieren oder einem Wettbewerb, wer Ihr Logo am witzigsten in ein Bild einbauen kann.

Verzichten Sie darauf, die Aktionen Ihres Wettbewerbs nur zu kopieren. Manche Menschen merken das vielleicht nicht, in den Augen anderer wirft das ein schlechtes Bild auf Sie. Das gilt nicht für alle Branchen, in jedem Fall aber im Kreativbereich, wo neue eigene Ideen zum Alltagsgeschäft gehören. Ohnehin ist es unerlässlich zu prüfen, ob die Aktionen des Wettbewerbs und die Ideen, die sich daraus ergeben, überhaupt zu den eigenen Zielen, zur Zielgruppe und zur Ich-Marke passen. Die schönsten Aktionen bringen nichts, wenn die Zielgruppe dadurch verwirrt oder irritiert wird und nicht mehr sicher sein kann, ob Sie die richtige Wahl sind.

Maßnahmen auswählen und umsetzen

Nun ist der Zeitpunkt gekommen, an dem Sie entscheiden müssen, welche Marketingmaßnahmen Sie einsetzen, um Ihre Ziele zu erreichen. Wenn Sie das Buch bis hierher gelesen haben, ist Ihr Kopf sicherlich voller Ideen, die Sie gerne umsetzen möchten. Diese Ideen müssen nur noch den Zielen und Zielgruppen zugeordnet und auf ihre Realisierbarkeit überprüft werden.

Übung: Bewerten Sie Ihre bisherigen Ideen

Gehen Sie jede Ihrer Ideen durch und prüfen Sie, welche Ziele und Zielgruppen Sie damit erreichen können und ob Sie genügend Zeit und Geld, die passenden Räume und Möglichkeiten haben, um die Maßnahme zu realisieren.

Bei der Marketingplanung ist wichtig, dass alle Ziele und Zielgruppen angemessen berücksichtigt werden. Manchmal ist es sinnvoll, Schwerpunkte zu setzen. Bei einem Selbstständigen sollte am Anfang z.B. die Steigerung des Bekanntheitsgrades besondere Bedeutung haben. Nur, wer bekannt ist, kann angesprochen und weiterempfohlen werden.

Die Tabelle, die aus der Ist-Analyse entstanden ist, kann hier gute Dienste leisten. Prüfen Sie, welche der bisherigen Maßnahmen Sie weiterführen möchten und streichen Sie diejenigen, die Ihnen wenig erfolgversprechend erscheinen oder die nicht zu Ihrem Markenkern passen. Ergänzen Sie die Tabelle um die Ideen, die Sie für umsetzbar halten. Zeigen sich nun Lücken, bedeutet das, dass Sie sich konkret Gedanken machen sollten, wie Sie diese Zielgruppen und Ziele erreichen können.

Wenn Sie das Gefühl haben, dass Ihnen die Ideen ausgehen,

- blättern Sie die Werbematerialien durch, die Sie gesammelt haben und lassen Sie sich inspirieren,
- surfen Sie im Internet und lassen Sie sich treiben, dabei stößt man oft auf die interessantesten Projekte
- laden Sie Freunde oder Kollegen zu einem Brainstorming ein und finden Sie gemeinsam ganz neue Ideen

Behalten Sie immer die Zielgruppe und das Ziel im Blick. Falls Ihnen Ideen begegnen, die für andere Ziele oder Zielgruppen interessant sind, legen Sie diese in Ihren Marketing-Ideen-Ordner.

Am Ende der Planung sollte eine Übersicht stehen, welche Aktivitäten Sie ständig in Ihrem Repertoire halten sollten, z. B.

- Pflege der Internetseiten
- Besuch von Netzwerktreffen
- Schreiben von Blogbeiträgen
- Posten in Online-Communities
- Auslegen von Flyern

und spezielle Aktionen wie

- Gewinnspiel
- Veranstaltung
- Wettbewerb
- Mailing-Aktion

Dies ist der Arbeitsplan, den die Marketing-Abteilung in Ihnen zu erfüllen hat. Tragen Sie sich die regelmäßigen Aktivitäten in Ihren Kalender ein und planen Sie Zeit für sie ein. Größere Aktionen sollten Sie als Projekt behandeln und versuchen, Verbündete zu gewinnen, die Sie unterstützen. Aber auch dann sind Sie der Projektleiter und müssen alle Fäden in der Hand behalten.

Ein übersichtlicher Marketingplan ist keine Last. Er erleichtert die Arbeit, weil dann immer klar ist, was wann zu tun ist und an wen welche Aufgabe delegiert werden kann. Je detaillierter er ist, umso hilfreicher ist er auch.

Ergebnisse überprüfen

Marketing ist kein Selbstzweck. Es steckt meist viel Arbeit, in jedem Fall aber viel Zeit in den Aktionen. Es ist daher wichtig mit einer Art Kosten-Nutzen-Analyse zu prüfen, ob die gesteckten Ziele erreicht wurden oder nicht. Entscheidend ist dabei, sich am Ziel zu orientieren und nicht allein die Anzahl neu gewonnener Kunden als Maßstab zu nehmen. Wenn das Ziel, die Steigerung des Bekanntheitsgrades war, führt dies nicht zwangsläufig sofort zu neuen Kunden. Aber ein Artikel in einem örtlichen Medium, viele Kontaktanfragen oder Kommentare auf Beiträge in den Online-Communities von bis dahin Unbekannten sind Zeichen dafür, dass die Bekanntheit gestiegen ist.

So wie für jedes Ziel andere Erfolgsfaktoren gelten, so sind auch hier die Maßstäbe für verschiedene Aktionen unterschiedlich.

Marketingziel	Woran kann man den Erfolg messen?
Kundengewinnung	Mehr oder größere Kunden im Vergleich zum Vorjahr oder Vormonat
Bekanntheit steigern	Mehr Kommentare unbekannter Personen auf Postings, Forenbeiträge oder Blogartikel, mehr Zugriffe auf Internetseiten oder Fanpages
Imageverbesserung	Empfehlungen, Einladungen zu Branchenevents, Vorträgen oder Präsentationen, Interviewanfragen von Medien
Aufbau von Vertrauen	Kundenempfehlung, Ausweitung eines Auftrags

Jedes Marketingziel hat seine eigenen Maßstäbe. Sinnvoll ist, schon bei der Festlegung der Ziele die Maßstäbe und eine Richtmarke, was erreicht werden soll, zu definieren. Wurde eine solche Richtmarke nicht erreicht, bedeutet das nicht zwangsläufig, dass die Marketingaktion nicht wirkt. Vielmehr gilt es zu prüfen, was und ob etwas nicht richtig gelaufen ist, ob z. B.

- ein falscher Zeitpunkt gewählt wurde,
- ein Brief den Empfänger gar nicht erreicht hat,
- ein Handzettelverteiler alle Handzettel entsorgt hat.

Erst wenn klar ist, dass die Aktion so gelaufen ist, wie sie gedacht war, und dennoch keine Wirkung erzielt hat, können Sie davon ausgehen, dass diese Aktivität für Sie und Ihr Angebot nicht passend ist. Dann heißt es, aus den Fehlern zu lernen und sich nach Alternativen umzuschauen. Gerade weil Ihre Zeit begrenzt ist und Sie diese vor allem für Ihre Kerntätigkeit benötigen, ist es wichtig, den Erfolg von Marketing-Maßnahmen im Blick zu behalten und diese zu beenden, wenn Aufwand und Wirkung in keinem guten Verhältnis stehen.

Auf einen Blick: Ihr Marketingkonzept

- Im optimalen Fall liegt dem Selbstmarketing ein schriftliches Marketingkonzept zugrunde.

- Es enthält alle marketingrelevanten Informationen über das Ich-Produkt und alle Überlegungen zum Marketing: Produktbeschreibung, Alleinstellungsmerkmal, Ziele, Zielgruppen, Wettbewerb, Ist-Analyse und den Marketingplan.

- Im Marketingplan finden sich die geplanten Maßnahmen für einen bestimmten Zeitraum bezogen auf Ziele und Zielgruppen.

- Je mehr Sie über Ihre Ziele und Zielgruppen wissen, desto gezielter können Sie die richtigen Maßnahmen auswählen.

- Behalten Sie immer im Blick, was Sie mit Ihren Aktivitäten im Bezug auf Ihre Ziele erreicht haben.

Stichwortverzeichnis

Impressum

Bibliografische Information der Deutschen Nationalbibliothek
Die Deutsche Nationalbibliothek verzeichnet diese Publikation in der Deutschen Natio-
nalbibliografie; detaillierte bibliografische Daten sind im Internet über
http://dnb.dnb.de abrufbar.

Print: ISBN: 978-3-648-04244-1   Bestell-Nr.: 01360-0001
ePub: ISBN: 978-3-648-04245-8   Bestell-Nr.: 01360-0100
ePDF: ISBN: 978-3-648-04246-5   Bestell-Nr.: 01360-0150

Dr. Birgit Ebbert
Selbstmarketing – Mehr Erfolg durch geschickte Eigen-PR

1. Auflage 2013, Freiburg

© 2013, Haufe-Lexware GmbH & Co. KG, Munzinger Straße 9, 79111 Freiburg
Redaktionsanschrift: Fraunhoferstraße 5, 82152 Planegg/München
Telefon: (089) 895 17-0
Telefax: (089) 895 17-290
Internet: www.haufe.de
E-Mail: online@haufe.de
Redaktion: Jürgen Fischer
Redaktionsassistenz: Christine Rüber

Konzeption, Realisation und Lektorat: Nicole Jähnichen, München

Satz: Beltz Bad Langensalza GmbH, 99947 Bad Langensalza
Umschlag: Kienle gestaltet, Stuttgart
Druck: freiburger graphische betriebe, 79108 Freiburg

Die Autorin

Dr. Birgit Ebbert

Die Gründerin und Geschäftsführerin von „Die Lernbegleiter", einem Lerncenter zur individuellen Lernberatung und -begleitung, und Autorin zahlreicher Bücher weiß aus Erfahrung, wie wichtig Marketing in eigener Sache ist. Aus ihrer früheren Angestelltentätigkeit als Medienreferentin und Geschäftsführerin der Aktion Jugendschutz Baden-Württemberg und Leiterin der Presse- und Öffentlichkeitsarbeit und Marketingleiterin beim „Studienkreis" kennt sie das Handwerkszeug des Marketing bestens.

Weitere Infos zur Autorin im Internet:
http://www.birgit-ebbert.de

Weitere Literatur

„Rechtssichere Werbung", von Dr. Christian Rauda, 128 Seiten, EUR 6,90, ISBN 978-3-448-10121-8, Bestell-Nr. 00977

„Existenzgründung", Prof. Dr. Joachim S. Tanski, Andreas Schreier und Steffen Thoma, 128 Seiten, EUR 6,90, ISBN 978-3-448-10157-7, Bestell-Nr. 00680

„Selbstmanagement", von Anita Bischof und Dr. Klaus Bischof, 256 Seiten, EUR 8,95, ISBN 978-3-648-02721-9, Bestell-Nr. 00343

Wissen to go!

TaschenGuides.
Schneller schlauer.

Kompetent, praktisch und unschlagbar günstig.
Mit den TaschenGuides erhalten Sie
kompaktes Wissen, das Sie überall begleitet –
im Beruf und im Alltag.

Mehr unter:

www.haufe.de/kommunikation
www.haufe.de/softskills

Über sechs Millionen Menschen sind schon schlauer.